Introdução à profissão farmacêutica

inter
saberes

Introdução à profissão farmacêutica

Vinícius Bednarczuk de Oliveira

inter saberes

Rua Clara Vendramin, 58 . Mossunguê . CEP 81200-170
Curitiba . PR . Brasil . Fone: (41) 2106-4170
www.intersaberes.com . editora@intersaberes.com

Conselho editorial
Dr. Alexandre Coutinho Pagliarini
Drª Elena Godoy
Dr. Neri dos Santos
Mª Maria Lúcia Prado Sabatella

Editora-chefe
Lindsay Azambuja

Gerente editorial
Ariadne Nunes Wenger

Assistente editorial
Daniela Viroli Pereira Pinto

Preparação de originais
Gilberto Girardello Filho

Edição de texto
Arte e Texto
Tiago Krelling Marinaska

Capa
Sílvio Gabriel Spannenberg (*design*)
New Africa, Billion Photos, Parilov,
afotostock e PeopleImages.com - Yuri A/
Shutterstock/Shutterstock (imagem)

Projeto gráfico
Charles L. da Silva (*design*)
Dmitry Kalinovsky/Shutterstock (imagem)

Diagramação
Signus Design

Designer responsável
Sílvio Gabriel Spannenberg

Iconografia
Regina Claudia Cruz Prestes
Maria Elisa Sonda

Dados Internacionais de Catalogação na Publicação (CIP)
(Câmara Brasileira do Livro, SP, Brasil)

Oliveira, Vinícius Bednarczuk de
 Introdução à profissão farmacêutica / Vinícius Bednarczuk de Oliveira.
Curitiba, PR: Intersaberes, 2025.

 Bibliografia.
 ISBN 978-85-227-1557-2

 1. Farmacêuticos - Formação 2. Farmácia - Orientação profissional
3. Farmácia - Estudo e ensino I. Título.

24-220768 CDD-615.0023

Índices para catálogo sistemático:
1. Farmacêuticos: Formação profissional: Ciências médicas 615.0023
Cibele Maria Dias – Bibliotecária – CRB-8/9427

1ª edição, 2025.
Foi feito o depósito legal.

Informamos que é de inteira responsabilidade do autor a emissão de conceitos.

Nenhuma parte desta publicação poderá ser reproduzida por qualquer meio ou forma sem a prévia autorização da Editora InterSaberes.

A violação dos direitos autorais é crime estabelecido na Lei n. 9.610/1998 e punido pelo art. 184 do Código Penal.

Sumário

7 *Apresentação*
11 *Como aproveitar ao máximo este livro*

Capítulo 1
15 **Das boticas às farmácias no Brasil**
17 1.1 Breve histórico da profissão de farmacêutico
19 1.2 O ensino farmacêutico no Brasil
23 1.3 Terminologias básicas utilizadas em âmbito farmacêutico
26 1.4 Alopatia e homeopatia

Capítulo 2
35 **Oportunidades de carreira no âmbito farmacêutico**
37 2.1 Linhas de atuação do farmacêutico

Capítulo 3
53 **Da molécula à dispensação**
55 3.1 Pesquisa farmacêutica
59 3.2 Origem dos medicamentos
62 3.3 Pesquisa pré-clínica (*in vivo* e *in vitro*)
64 3.4 Ensaios clínicos
68 3.5 Do registro à dispensação

Capítulo 4
73 **Medicamentos e suas classes terapêuticas**
75 4.1 Medicamentos no Brasil
78 4.2 Classes terapêuticas
90 4.3 Tarjas de medicamentos

Capítulo 5
95 **Farmacocinética e farmacodinâmica: a ciência por trás da administração e das formas farmacêuticas**
97 5.1 Farmacocinética e farmacodinâmica
99 5.2 Vias de administração de fármacos
101 5.3 Formas farmacêuticas
111 5.4 Vantagens e desvantagens das diferentes formas farmacêuticas

Capítulo 6
117 **Generalidades farmacêuticas: regulamentação e curiosidades**
119 6.1 Principais órgãos que regulamentam o ensino e a profissão farmacêutica
121 6.2 Principais órgãos que regulamentam os produtos de saúde no Brasil
124 6.3 Código de Ética Farmacêutica
126 6.4 Generalidades farmacêuticas

137 *Considerações finais*
139 *Referências*
147 *Respostas*
153 *Sobre o autor*

Apresentação

Neste livro, fornecemos ao leitor uma análise detalhada sobre a evolução e a complexidade da profissão farmacêutica no Brasil. Trata-se de uma leitura indispensável para estudantes e profissionais de farmácia que desejam adquirir um conhecimento amplo e aprofundado a respeito da evolução da área e suas contribuições para a saúde pública no Brasil. Nesse sentido, a obra serve como um guia completo, atualizado e detalhado acerca das diversas facetas da profissão, abrangendo desde a educação e as oportunidades de carreira até a pesquisa e a regulamentação de medicamentos.

Diante do exposto, dividimos o material em seis capítulos, assim distribuídos:

No Capítulo 1, abordamos o histórico da profissão de farmacêutico no Brasil, das antigas boticas às farmácias modernas. Também, examinamos o ensino de farmácia no país, destacando as disciplinas que compõem o currículo de Farmácia e sua relação com a prática profissional. Apresentamos, ainda, algumas terminologias essenciais para a prática na área e, por fim, exploramos as duas principais abordagens terapêuticas de farmácia: alopatia e homeopatia, explicando os princípios de cada uma, suas aplicações e as discussões em torno de suas eficácias.

No Capítulo 2, detalhamos as diferentes linhas de atuação disponíveis para os profissionais farmacêuticos, descrevendo as oportunidades em áreas tais como: alimentos, análises clínico-laboratoriais, educação, farmácia hospitalar, clínica, saúde pública, toxicologia e práticas integrativas e complementares em saúde (PICS). Trata-se de capítulo fundamental para compreender as várias possibilidades de carreira na área farmacêutica, na medida em que examina as habilidades e competências necessárias para cada especialidade.

Já no Capítulo 3, apresentamos o processo que começa na pesquisa de novas moléculas e se estende à dispensação dos medicamentos. Cada etapa desse processo é explicada em profundidade, incluindo as pesquisas pré-clínica e clínica, os ensaios clínicos e os procedimentos necessários para o registro de medicamentos. A leitura atenta deste capítulo é crucial para entender as fases de desenvolvimento e regulamentação de novos fármacos, pois oferece uma visão abrangente dos desafios e das rigorosas exigências concernentes ao processo de aprovação de medicamentos.

No Capítulo 4, abordamos as diversas classes terapêuticas dos medicamentos, bem como suas funções e aplicações. Nessa ótica, explicamos em que consistem as diferentes cores nas tarjas dos medicamentos, as quais são essenciais para a segurança dos pacientes, e exploramos as principais classes terapêuticas, incluindo medicamentos que atuam nos sistemas nervoso central, cardiovascular, respiratório e gastrointestinal, além de vitaminas e anticoncepcionais. O texto deste capítulo compõe uma base sólida para compreender a classificação e o uso terapêutico dos medicamentos, o que é de fundamental importância para a prática farmacêutica.

Por sua vez, no Capítulo 5, tratamos dos conceitos de farmacocinética e farmacodinâmica, detalhando as vias de administração dos fármacos e as diversas formas farmacêuticas, a saber: sólidas, semissólidas, líquidas e gasosas. Ademais, discutimos as vantagens e desvantagens de cada forma, proporcionando uma compreensão técnica e aplicada dos processos de administração de medicamentos. O capítulo em questão é particularmente relevante para profissionais que pretendem aprofundar seus conhecimentos sobre como os medicamentos são absorvidos, distribuídos, metabolizados e excretados pelo corpo.

Por fim, no Capítulo 6, oferecemos uma visão abrangente a respeito da regulamentação da profissão farmacêutica e dos produtos de saúde no Brasil. Sob essa perspectiva, apresentamos os principais órgãos reguladores e o Código de Ética Farmacêutica, proporcionando um entendimento completo das normas e dos regulamentos que governam a prática farmacêutica. Além disso, compartilhamos algumas curiosidades e informações adicionais que enriquecem o entendimento da área farmacêutica.

Bons estudos!

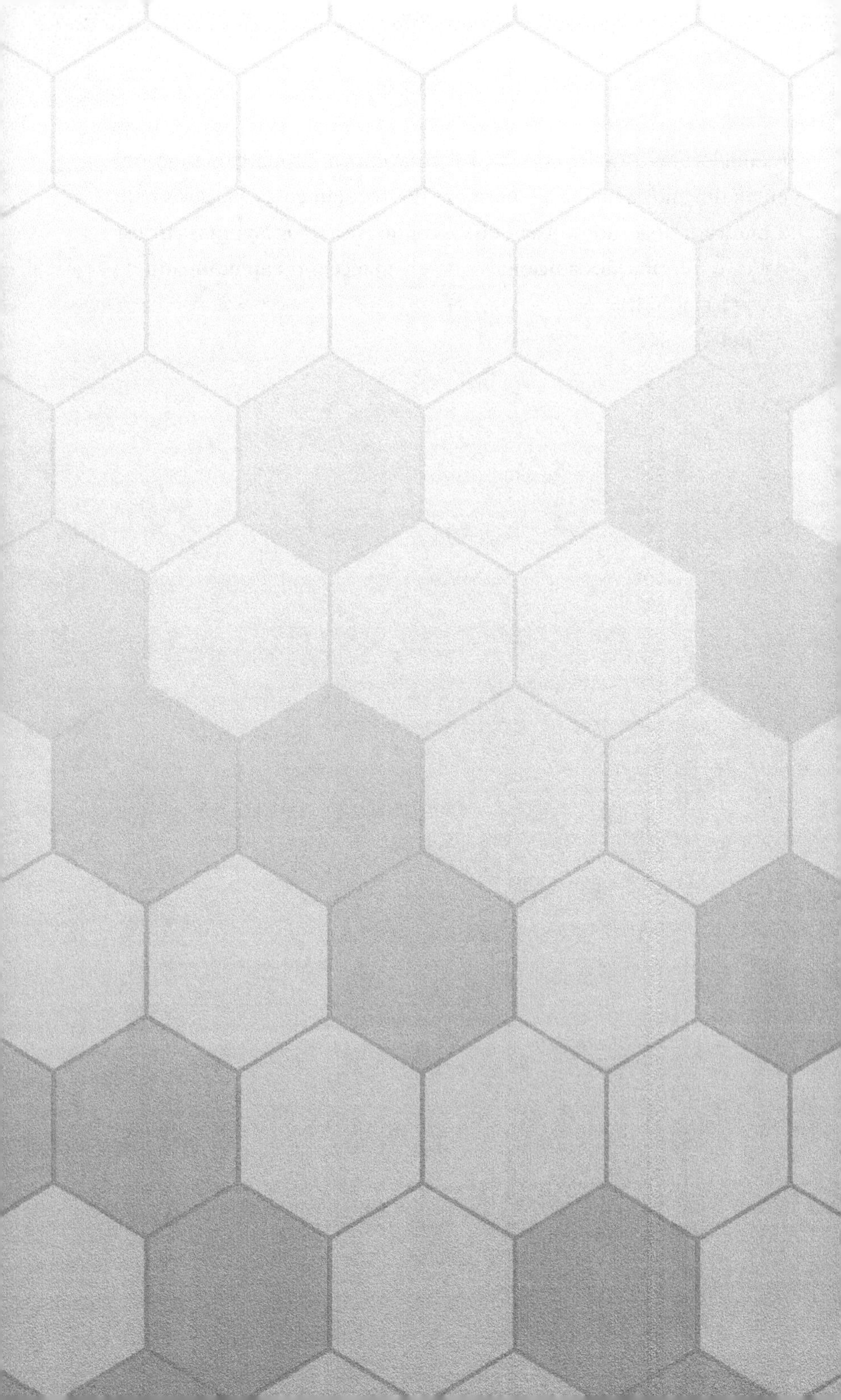

Como aproveitar ao máximo este livro

Empregamos nesta obra recursos que visam enriquecer seu aprendizado, facilitar a compreensão dos conteúdos e tornar a leitura mais dinâmica. Conheça a seguir cada uma dessas ferramentas e saiba como elas estão distribuídas no decorrer deste livro para bem aproveitá-las.

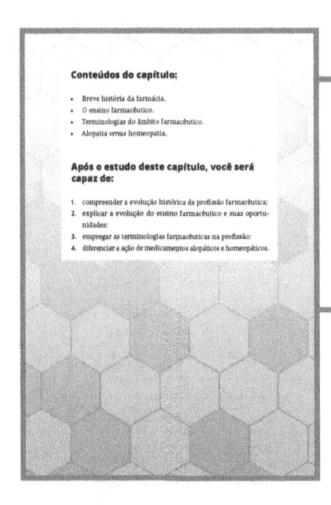

Conteúdos do capítulo:

Logo na abertura do capítulo, relacionamos os conteúdos que nele serão abordados.

Após o estudo deste capítulo, você será capaz de:

Antes de iniciarmos nossa abordagem, listamos as habilidades trabalhadas no capítulo e os conhecimentos que você assimilará no decorrer do texto.

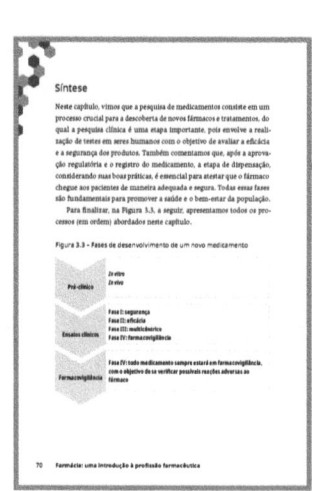

Síntese

Ao final de cada capítulo, relacionamos as principais informações nele abordadas a fim de que você avalie as conclusões a que chegou, confirmando-as ou redefinindo-as.

Para saber mais

Sugerimos a leitura de diferentes conteúdos digitais e impressos para que você aprofunde sua aprendizagem e siga buscando conhecimento.

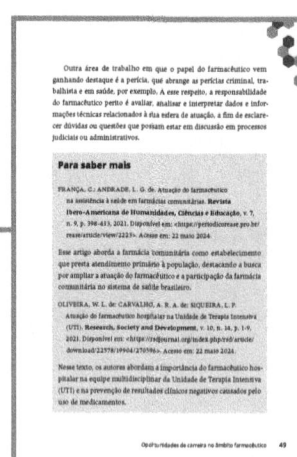

Questões para revisão

Ao realizar estas atividades, você poderá rever os principais conceitos analisados. Ao final do livro, disponibilizamos as respostas às questões para a verificação de sua aprendizagem.

Questões para reflexão

Ao propor estas questões, pretendemos estimular sua reflexão crítica sobre temas que ampliam a discussão dos conteúdos tratados no capítulo, contemplando ideias e experiências que podem ser compartilhadas com seus pares.

Capítulo 1
Das boticas às farmácias no Brasil

Conteúdos do capítulo:

- Breve história da farmácia.
- O ensino farmacêutico.
- Terminologias do âmbito farmacêutico.
- Alopatia *versus* homeopatia.

Após o estudo deste capítulo, você será capaz de:

1. compreender a evolução histórica da profissão farmacêutica;
2. explicar a evolução do ensino farmacêutico e suas oportunidades;
3. empregar as terminologias farmacêuticas na profissão;
4. diferenciar a ação de medicamentos alopáticos e homeopáticos.

1.1 Breve histórico da profissão de farmacêutico

A farmácia é uma área de conhecimento com uma longa história, que remonta a tempos antigos, nos quais as plantas e seus efeitos medicinais eram empregados no tratamento de inúmeras enfermidades. Com o passar do tempo, essa prática foi se aprimorando, e a necessidade de formação profissional na área se tornou evidente.

Atualmente, a graduação em Farmácia constitui uma importante opção de ensino superior, oferecendo aos estudantes um vasto conjunto de conhecimentos e habilidades relacionados às terminologias do âmbito farmacêutico, a exemplo das nomenclaturas associadas às formulações de medicamentos e às interações medicamentosas. Além disso, também proporciona um amplo entendimento de diferentes abordagens terapêuticas, incluindo a alopatia e a homeopatia.

O uso de substâncias químicas com potencial terapêutico é prática que remonta ao período pré-histórico, quando os homens, por meio da observação dos animais e de tentativa e erro no tratamento das enfermidades, empiricamente descobriram plantas com potencial medicinal e outras com efeitos tóxicos.

O primeiro registro de atividade farmacêutica no Brasil se deu após a chegada dos boticários portugueses, no período de colonização. Eles tinham o objetivo – e a responsabilidade – de conhecer e curar as doenças. No entanto, para continuarem exercendo a profissão, tinham de cumprir uma série de requisitos e possuir local e equipamentos adequados para a preparação e o armazenamento dos medicamentos (Elder, 2006).

Os primeiros medicamentos provenientes da Europa chegaram ao Brasil com as expedições de navios portugueses, espanhóis e franceses, as quais contavam com um cirurgião-barbeiro ou uma botica contendo diversas drogas (plantas, minerais e, até mesmo, produtos oriundos de animais) e curativos. Assim ocorreu até a instituição do governo-geral, de Tomé de Souza, que chegou à ainda colônia de Portugal acompanhado de religiosos e profissionais, a exemplo de Diogo de Castro, único boticário da grande armada que tinha salário e função oficial. A esse respeito, os jesuítas acabaram assumindo funções de enfermeiros e boticários (Galletto, 2006).

No século XVI, o avanço nos estudos dos medicamentos foi impulsionado pela realização de pesquisas sistemáticas sobre os princípios ativos das plantas e dos minerais que seriam capazes de aliviar sintomas e curar doenças. Esse processo evolutivo foi palco para novas oportunidades de negócio, com a finalidade de pesquisar e produzir medicações em larga escala, dando origem às atuais indústrias farmacêuticas (Edler, 2006).

Estabelecidas em grandes centros urbanos, as boticas se caracterizavam pelo atendimento especializado e individualizado, seguindo as farmacopeias e prescrições da época, o que se estendeu até o século XIX. Entretanto, os boticários já tinham concorrentes, a saber, os cirurgiões-barbeiros, padeiros e ourives, que também comercializavam suas formulações (Figueiredo; De Abreu, 2010).

Em 1777, o Rei Luís XV determinou a substituição da alcunha *apoticário* por *farmacêutico*. Naquela época, para obter o diploma de farmacêutico – embora não fosse considerado de nível universitário –, exigia-se a realização de estudos teóricos e a prestação de exames práticos. Ao longo dos anos, o estudo universitário para a formação de farmacêuticos espalhou-se por toda a Europa. No Brasil, em 1832, no Rio de Janeiro, foi criada a primeira Faculdade de Farmácia, associada à Faculdade de Medicina e Cirurgia (Salgado; Andrade, 2023).

Se antigamente existiam apenas as boticas, atualmente, por sua vez, o mercado farmacêutico vem sendo ampliado cada vez mais, em virtude das altas demandas e necessidades da população. O mercado de medicamentos engloba farmácias de dispensação e manipulação, bem como farmácias hospitalares, industriais etc., acompanhando o crescimento anual da procura por serviços de saúde relacionados à profissão farmacêutica.

1.2 O ensino farmacêutico no Brasil

A história do ensino farmacêutico no Brasil teve início em 1832, com a Faculdade de Farmácia no Rio de Janeiro associada à Faculdade de Medicina e Cirurgia, e se caracterizou pela tentativa de unificar o modelo educacional. Nessa época, começava-se a desconstruir a ideia de o farmacêutico ser apenas o profissional responsável por comercializar medicamentos (Galletto, 2006).

Em 1897, em Porto Alegre, foi criada a Escola Livre de Farmácia e Química Industrial. Ao longo dos anos, outros cursos na área farmacêutica foram estabelecidos. Já no ano de 1934, o governo do Estado de São Paulo fundou a Universidade de São Paulo (USP), que incorporou a Faculdade de Farmácia e Odontologia. Em 1957, a duração do curso foi alterada de três para quatro anos, e em 1961, a USP aprovou a mudança do título conferido ao curso de Farmácia da Faculdade de Farmácia e Odontologia, que passou a se chamar *Farmácia e Bioquímica* (Dourado, 2014).

As modificações mais importantes no contexto da educação em Farmácia se deram por meio da implantação de pareceres e diretrizes curriculares, conforme pode ser visualizado no Quadro 1.1, a seguir.

Quadro 1.1 – Evolução das diretrizes curriculares farmacêuticas

Regulamentação	Objetivo	Abordagem
Parecer n. 268, de 27 de dezembro de 1962, do Conselho Federal de Educação	Fixar um currículo mínimo do curso de Farmácia e estabelecer especialidades (CFF, 2019).	Considerado tecnicista, este currículo favorecia o desenvolvimento de um ensino ministrado de forma fragmentada e pouco voltado às questões de saúde pública, com o intuito de formar profissionais, principalmente, para o atendimento das demandas dos setores industriais farmacêutico, alimentício e de análises clínicas.

(continua)

(Quadro 1.1 – conclusão)

Regulamentação	Objetivo	Abordagem
Resolução n. 4, de 11 de abril de 1969, do Conselho Federal de Educação	Estabelecer um currículo mínimo para o curso de Farmácia (CFF, 2019).	Considerado tecnicista, este currículo atualizou o parecer anterior, dividindo a formação em bacharel em Farmácia, farmacêutico industrial e farmacêutico-bioquímico.
Resolução CNE/CES n. 2, de 19 de fevereiro de 2002	Instituiu novas Diretrizes Curriculares Nacionais (DCN) para o curso de graduação em Farmácia, com formação generalista, e estabeleceu a denominação *farmacêutico* para seus egressos, extinguindo as habilitações criadas pela resolução anterior (Brasil, 2002).	Formação considerada generalista, humanista, crítica e reflexiva, para atuar em todos os níveis de atenção à saúde, com base no rigor científico e intelectual.
Resolução CNE/CES n. 4, de 6 de abril de 2009	Dispôs sobre a carga horária mínima de diversos cursos de graduação em saúde, entre eles o de Farmácia, fixando em 4.000 horas com limite para integralização curricular de, no mínimo, cinco anos (Brasil, 2009).	
Resolução CNE/CES n. 6, de 19 de outubro de 2017	Instituiu novas DCN para o curso de graduação em Farmácia, visando ao egresso/profissional da área de Saúde, "com formação centrada nos fármacos, nos medicamentos e na assistência farmacêutica, e, de forma integrada, com formação em análises clínicas e toxicológicas, em cosméticos e em alimentos, em prol do cuidado à saúde do indivíduo, da família e da comunidade" (Brasil, 2017).	Formação generalista, humanista, crítica e reflexiva.

Fonte: Elaborado com base em Brasil, 2002; 2009; 2017; CFF, 2019.

Desde a publicação das diretrizes de 1962, a grande alteração empregada no contexto da graduação em Farmácia foi a passagem de um currículo tecnicista e exato para um currículo humanista, que entende o profissional como agente da saúde e que preza pela relação farmacêutico-paciente.

Todas as medidas em prol da educação farmacêutica foram tomadas em favor do cuidado à saúde do indivíduo, da família e da comunidade, com foco na atuação no Sistema Único de Saúde (SUS) para além de suas funções tradicionais, ampliando o currículo de Farmácia com vistas a uma formação mais generalista.

1.2.1 Disciplinas do currículo de Farmácia e sua relação com o âmbito farmacêutico

O bacharelado em Farmácia forma alunos para atuar em um mercado bastante diversificado. Com disciplinas focadas na prática profissional, o estudante conclui a faculdade pronto para trabalhar na dispensação de medicamentos, como farmacêutico clínico, em análises clínicas, bem como na produção de medicamentos, na inspeção de alimentos e fármacos e na prestação de atendimento especializado em vários setores da saúde.

Nos primeiros semestres da graduação, as disciplinas visam à formação de base da saúde. Conforme o curso avança, o aluno entra em contato com matérias mais específicas.

A grade curricular de Farmácia conta com muitas disciplinas práticas, muitas vezes desenvolvidas em laboratórios das próprias universidades. Em geral, referem-se ao estudo da anatomia humana, à análise de microrganismos, à criação e ao desenvolvimento de medicamentos e à produção dos mais variados cosméticos.

Em paralelo, o graduando também tem acesso a uma série de disciplinas sobre gestão de empreendimentos farmacêuticos, ética profissional e legislação. É frequente haver debates em sala de aula sobre tópicos polêmicos, como os limites da indústria farmacêutica e da bioética, a realização de certos experimentos em seres humanos etc.

No currículo farmacêutico, algumas disciplinas são fundamentais para o desempenho e a compreensão do mercado de trabalho da área, as quais estão listadas no Quadro 1.2, considerando a relação de cada uma com a parte prática.

Quadro 1.2 – Disciplinas específicas do curso de Farmácia e sua relação com a prática

DISCIPLINA	CONTEÚDO E RELAÇÃO COM A PRÁTICA
Farmacologia	Ocupa-se do estudo dos fármacos com aplicação terapêutica, conceituando e classificando as drogas quanto à origem e à aplicação. É matéria essencial para qualquer área de atuação do farmacêutico, em razão do estudo dos fármacos e de sua aplicação prática no tratamento de inúmeras patologias.
Farmacognosia	Visa ao estudo das matérias-primas de origem vegetal (metabólitos primários e secundários e controle de qualidade) e sua aplicação no desenvolvimento de novos medicamentos e fármacos. Diversos medicamentos disponíveis são produzidos ou derivados de produtos naturais. Portanto, a farmacognosia é a área que proporciona ao farmacêutico a descoberta de novas moléculas com potencial terapêutico e a exploração do uso de plantas medicinais e fitoterápicos.
Farmacotécnica	Disciplina que tem como objetivo transformar os fármacos em medicamentos, ou seja, preparar a forma farmacêutica adequada para a melhor absorção do fármaco. A área de farmacotécnica é muito ampla e abrange o desenvolvimento de novas formas farmacêuticas (comprimidos, cápsulas, soluções etc.), bem como a formulação de produtos de beleza, como cremes, géis, xampus, sabonetes, maquiagens etc.
Bromatologia	Estuda os componentes básicos dos alimentos e seus respectivos controles de qualidade (teores de umidade, resíduo mineral fixo, cálculo de valor calórico, noções de microscopia de alimentos etc.), possibilitando ao farmacêutico atuar na área de alimentos, principalmente no controle de qualidade.

(continua)

(Quadro 1.2 – conclusão)

DISCIPLINA	CONTEÚDO E RELAÇÃO COM A PRÁTICA
Cosmetologia	Disciplina que analisa a criação e o desenvolvimento de produtos cosméticos (de proteção e hidratação, maquiagens, perfumes etc.), envolvendo aspectos anatômicos e fisiológicos. É essencial para a atuação do farmacêutico em indústrias de pequeno e grande porte no setor de produtos cosméticos.
Hematologia	Disciplina que visa estudar o sangue e seus componentes. Dentro das análises clínicas, é uma especialidade do farmacêutico, responsável pela realização e pela análise de hemogramas.
Bioquímica clínica	Ciência que medeia a química e a patologia e que promove a investigação de líquidos biológicos, como o sangue e a urina. Os resultados de suas análises refletem alterações metabólicas responsáveis pelo desenvolvimento de doenças. A bioquímica clínica também constitui uma especialidade farmacêutica.
Deontologia farmacêutica	Disciplina que estuda as legislações referentes ao âmbito farmacêutico, como as promulgadas pela Agência Nacional de Vigilância Sanitária (Anvisa), por conselhos e outros órgãos, assim como sua aplicação no cotidiano da profissão. Para a atuação do farmacêutico, é indispensável ao currículo.
Tecnologia farmacêutica	Disciplina que se ocupa dos avanços farmacêuticos na área farmacotécnica e de sua aplicação no cotidiano para a obtenção de melhores resultados na prática clínica; área responsável pelo desenvolvimento de novas formulações e aplicações terapêuticas.
Toxicologia	Cabe à toxicologia estudar as substâncias que, quando ingeridas, causam um efeito deletério no organismo, ou seja, um efeito indesejado; área de atuação do farmacêutico que realiza exames de *doping* a análises toxicológicas, com o intuito de verificar a ingestão de substâncias lícitas e ilícitas.

1.3 Terminologias básicas utilizadas em âmbito farmacêutico

A utilização de terminologias corretas é fundamental em qualquer profissão, especialmente na área da saúde, na qual eventuais erros podem gerar graves consequências para a vida das pessoas. No âmbito farmacêutico, a importância das terminologias corretas é ainda mais evidente, uma vez que se lida diretamente com medicamentos e outros produtos de risco à saúde dos pacientes.

Sendo assim, saber empregar os termos adequados permite que os profissionais do ramo farmacêutico se comuniquem com clareza com os membros das equipes de saúde, evitando erros de interpretação ou de dosagem dos medicamentos prescritos. Além disso, o uso correto das nomenclaturas também contribui para o controle e o registro de medicações, facilitando a identificação de possíveis interações medicamentosas e a rastreabilidade da administração de fármacos em casos de reações adversas.

Nessa perspectiva, a padronização das terminologias proporcionou a profissionais de diferentes regiões e países a comunicação em uma mesma linguagem, o que é bastante relevante se considerarmos o contexto atual de globalização, que possibilitou a comercialização de medicamentos e produtos farmacêuticos a nível mundial.

O âmbito farmacêutico contempla diversas terminologias fundamentais para a compreensão e a comunicação de conceitos específicos. A esse respeito, apresentamos, a seguir, alguns termos e expressões que, obrigatoriamente, devem ser de conhecimento do profissional de farmácia (Anvisa, 2020):

- **Fármaco**: substância química definida, com propriedades ativas, que produz efeitos terapêuticos.
- **Droga**: qualquer substância que interage com o organismo e gera algum efeito, seja positivo, seja negativo.
- **Medicamento**: fármaco utilizado com fins terapêuticos ou de diagnóstico. Muitas substâncias podem ser consideradas medicamentos ou não, a depender da finalidade com que são utilizadas.
- **Remédio**: qualquer substância ou ação que acarreta benefícios para o organismo humano; pode ser categorizado em três divisões:
  - químico – substância animal, vegetal, mineral ou sintética com finalidade terapêutica;

- físico – procedimento que envolve ações físicas, como ginástica, massagem, acupuntura, banhos etc.;
- psicológico – ação que traz benefícios por um viés psicológico, a exemplo de fé ou crença, tratamento com psicoterapeuta etc.
- **Placebo**: substância inerte com aparência idêntica à do medicamento real.
- **Reação adversa a medicamento (RAM)**: qualquer resposta prejudicial ou indesejável a um medicamento que ocorre nas doses usualmente empregadas nos seres humanos para profilaxia (prevenção), diagnóstico, terapia de doença ou modificação de funções fisiológicas.
- **Farmacodinâmica**: área que estuda o mecanismo de ação dos fármacos no organismo humano.
- **Farmacocinética**: área que estuda a absorção, a distribuição, a metabolização e a excreção de fármacos no organismo humano.
- **Farmacologia pré-clínica**: estudo da eficácia e da RAM dos fármacos em animais (mamíferos).
- **Farmacologia clínica**: estudo da eficácia e da RAM dos fármacos nos seres humanos (voluntário sadio; voluntário doente).
- **Farmacognosia**: área que estuda as substâncias ativas animais, vegetais e minerais no estado natural e suas fontes.
- **Farmacoterapia**: especialidade farmacêutica responsável por orientar o uso racional dos medicamentos.
- **Fitoterapia**: técnica que recorre ao uso de plantas medicinais e de seus derivados vegetais para criar medicamentos fitoterápicos para o tratamento de diversas patologias.
- **Farmacotécnica**: área que estuda o preparo e a conservação dos medicamentos em formas farmacêuticas.
- **Farmacoepidemiologia**: trata-se do estudo da RAM, do risco-benefício e do custo dos medicamentos em determinada população.

- **Farmacovigilância**: conjunto de atividades como: detecção de RAM, validade, concentração, apresentação, eficácia farmacológica, industrialização, comercialização, custo, controle de qualidade de medicamentos já aprovados e licenciados pelo Ministério da Saúde.
- **Anvisa**: órgão responsável pela legislação de medicamentos no Brasil.
- **Drogaria**: local de dispensação e comércio de drogas em suas embalagens originais.
- **Farmácia**: local de manipulação de fórmulas magistrais e oficiais, de comércio de drogas, medicamentos, insumos farmacêuticos e correlatos, compreendendo a dispensação e o atendimento privativo de unidade hospitalar ou de qualquer outra equivalente de assistência médica.

Ainda, existem outros conceitos vinculados à área da farmácia, os quais consistem em terminologias específicas de vários ramos farmacêuticos. Como exemplos, podemos citar os conceitos de maceração, decocção e infusão, que não abordaremos neste livro. De qualquer forma, é importante que os profissionais da área conheçam e compreendam as diversas nomenclaturas referentes à farmácia.

1.4 Alopatia e homeopatia

Introduzidos em 1810 por Christian Friedrich Samuel Hahnemann, considerado o pai da homeopatia, os termos *alopatia* e *homeopatia* atualmente são utilizados para descrever técnicas de tratamentos. A base terapêutica da alopatia segue o princípio *contraria contrariis curantur* ("a cura pelos contrários"), em oposição a *similia similibus curantur* ("os semelhantes são curados por semelhantes"), base terapêutica da homeopatia (Sá; Santos, 2014). Neste tópico, vamos nos aprofundar nessas duas técnicas medicinais.

1.4.1 Alopatia

A palavra *alopatia* remonta à medicina convencional ou ocidental e se refere ao emprego de medicamentos e intervenções para tratar os sintomas e as causas subjacentes de uma doença (Rosenbaum, 1989). Seus métodos de diagnóstico e tratamento são baseados em evidências científicas e em uma abordagem específica e localizada.

Os médicos que praticam a alopatia precisam ter formação em Medicina e, além disso, realizar vários exames para se tornarem licenciados. Ainda, os medicamentos utilizados por eles devem, necessariamente, passar por rigorosos testes clínicos que garantam sua segurança e eficácia.

Embora a alopatia seja frequentemente criticada pelos efeitos colaterais que gera, bem como pela concepção de tratar os sintomas, e não as causas subjacentes das doenças, segue sendo uma técnica amplamente utilizada em todo o mundo. Ela é especialmente útil no tratamento de doenças agudas, como infecções, lesões e problemas médicos imediatos, que requerem rapidez e eficácia.

Pelo princípio *contraria contrariis curantur*, um medicamento que gera efeitos opostos aos sintomas da doença deve ser usado para tratá-la. Por exemplo, se uma pessoa se sente febril, deve administrar um medicamento capaz de baixar a febre; da mesma forma, se sente dores, deve administrar um medicamento capaz de aliviá-las. Entenda isso melhor com os exemplos a seguir:

- Um paciente apresenta sintomas clássicos de febre (temperatura do corpo acima do normal): um medicamento produzido por técnicas alopáticas seria capaz de diminuir a temperatura corporal, ou seja, agiria de forma contrária aos sintomas, por meio de antitérmicos como dipirona, ibuprofeno, paracetamol etc.
- Um paciente apresenta sintomas clássicos de amigdalite (placas brancas ou amareladas nas amígdalas, dor de garganta, dificuldade

e dor ao engolir, febre, nódulos linfáticos no pescoço, mau hálito e dor de cabeça): um medicamento produzido por técnicas alopáticas atuaria matando ou inibindo o crescimento das bactérias causadoras da amigdalite, ou seja, agiria de forma contrária aos sintomas, por meio de antibióticos como amoxicilina, azitromicina, cefalexina etc.

1.4.2 Homeopatia

Considerada uma abordagem holística, a homeopatia se baseia no princípio da similitude, segundo o qual uma substância que causa sintomas em uma pessoa saudável pode ser utilizada no tratamento de um paciente com sintomas semelhantes (Rosenbaum, 1989).

A homeopatia se concentra em tratar a pessoa como um todo, e não somente os sintomas da doença. Em outras palavras, a doença é entendida como a manifestação de desequilíbrio ou desarmonia entre corpo, mente e espírito. Nesse contexto, a cura seria alcançada pela restauração desse equilíbrio.

Corroborando essa visão, a homeopatia utiliza remédios feitos a partir de substâncias naturais, como plantas, minerais e animais, altamente diluídas em água ou álcool. Tais substâncias são preparadas de acordo com um processo específico denominado *dinamização*, que envolve a diluição repetida e a agitação vigorosa da substância original.

Além disso, ela enfatiza a individualização do tratamento, ou seja, cada paciente é tratado com um remédio específico, escolhido com base em suas características físicas, mentais e emocionais. A abordagem personalizada permite adaptar o tratamento às necessidades de cada indivíduo.

Embora a homeopatia seja amplamente utilizada em todo o mundo, muitas de suas práticas não têm evidências científicas comprovadas. No entanto, seus defensores argumentam que ela pode ser eficaz no tratamento de uma ampla variedade de enfermidades, incluindo problemas de saúde mental, doenças crônicas e doenças autoimunes. A homeopatia é frequentemente combinada com outros tratamentos convencionais, proporcionando uma abordagem mais completa e integrativa para a saúde.

A homeopatia é baseada em quatro pilares:

I. Lei dos semelhantes.
II. Experimentação.
III. Doses mínimas.
IV. Remédio único.

1.4.3 Alopatia *versus* homeopatia

Para uma melhor compreensão das principais diferenças entre os princípios da alopatia e da homeopatia, observe o Quadro 1.3, a seguir.

Quadro 1.3 – Diferenças entre os princípios da alopatia e da homeopatia

Alopatia	Homeopatia
Age no combate dos sintomas.	Estimula o organismo a fortalecer os mecanismos de defesas naturais.
Útil no tratamento de diversos sintomas, possibilitando a escolha entre diferentes medicamentos.	Restabelece a saúde de forma suave e duradoura.
Aumenta a chance de interações medicamentosas e efeitos adversos.	Não apresenta evidências de efeitos adversos, ou seja, seu uso é seguro.
Visa à recuperação de sistemas específicos do organismo.	Visa à recuperação do indivíduo como um todo.
Aumenta as chances de dependência e tolerância aos fármacos.	Fortalece a relação médico-paciente.

A alopatia consiste em uma abordagem convencional da medicina que se baseia no uso de medicamentos sintéticos e substâncias químicas para tratar doenças, com o objetivo de suprimir os sintomas e combater as enfermidades por meio de medicamentos.

Já a homeopatia corresponde a uma forma alternativa de tratamento, fundamentada no entendimento de que o corpo tem o poder de curar a si mesmo. Ela recorre ao uso de substâncias extremamente diluídas, geralmente de origem natural, para tratar os sintomas de uma doença. Ademais, conforme os princípios homeopáticos, o tratamento deve ser direcionado ao paciente como um todo, isto é, considerando suas características pessoais, em vez de focar somente na cura da doença.

Em suma, a alopatia enfatiza a eliminação dos sintomas da doença, enquanto a homeopatia proporciona a cura natural do corpo visando ao equilíbrio do paciente como um todo.

Tanto a alopatia quanto a homeopatia têm abordagens únicas e filosofias próprias de tratamento. Não por acaso, há defensores e críticos de cada uma delas. A opção por um tratamento específico deve ser feita com base nas necessidades individuais de cada pessoa.

Porém, independentemente do tratamento escolhido, é fundamental que os pacientes tenham acesso a informações precisas e confiáveis acerca dos medicamentos que estão usando e que contem com a orientação e a supervisão de um profissional de saúde qualificado. Afinal, o grande objetivo é garantir a segurança e a eficácia dos tratamentos e medicamentos prescritos, a fim de melhorar a qualidade de vida e o bem-estar da população.

Para saber mais

REZENDE, I. N. de. Literatura, história e farmácia: um diálogo possível. **História, Ciências, Saúde – Manguinhos**, v. 22, n. 3, p. 813-828, jul./set. 2015. Disponível em: <https://www.scielo.br/j/hcsm/a/gHDwcH6vxVCGHpHhqptYdtr/?format=pdf&lang=pt>. Acesso em: 21 maio 2024.

Esse artigo traz uma abordagem abrangente sobre a intersecção entre literatura, história e farmácia, oferecendo *insights* sobre o tema em questão.

Síntese

Começamos este capítulo apresentando um breve histórico da farmácia, que remonta a tempos antigos, nos quais o conhecimento sobre plantas e seus efeitos medicinais era transmitido entre gerações. Com o passar dos anos, a prática farmacêutica foi se desenvolvendo e, com ela, fez-se necessária a criação de cursos de formação profissional na área. Desse modo, o curso de Farmácia passou a ser uma importante opção para o ensino superior. Nela, os alunos estudam as terminologias do âmbito farmacêutico, tais como os termos relacionados às formulações de medicamentos e às interações medicamentosas.

Além disso, vimos que são várias as abordagens terapêuticas disponíveis, incluindo a alopatia e a homeopatia, que, embora diferentes, complementam-se em alguns casos. Enquanto a primeira recorre à utilização de medicamentos convencionais, com princípios ativos definidos, a segunda envolve o uso de medicamentos altamente diluídos, com base na concepção de que o corpo é capaz de curar a si mesmo.

Questões para revisão

1. Explique brevemente em que consiste a alopatia.

2. Com base no estudo deste capítulo, explique como a profissão farmacêutica está se adaptando às mudanças sociais, tecnológicas e de saúde pública do século XXI.

3. Qual das seguintes afirmações é verdadeira sobre a homeopatia?
   a) Baseia-se na ideia de que "semelhante é curado por semelhante".
   b) Usa medicamentos sintéticos e substâncias químicas para tratar doenças.
   c) Acredita que o corpo não tem o poder de curar a si mesmo.
   d) Concentra-se apenas na eliminação dos sintomas da doença.
   e) Nenhuma das alternativas anteriores está correta.

4. O que significa o termo *posologia* no âmbito farmacêutico?
   a) Estudo da ação dos medicamentos no organismo.
   b) Estudo dos efeitos colaterais dos medicamentos.
   c) Estudo das doses adequadas e horários para administração de medicamentos.
   d) Estudo da fabricação e do desenvolvimento de medicamentos.
   e) Todas as alternativas anteriores estão corretas.

5. Um paciente está fazendo uso de um medicamento prescrito pelo seu médico para tratar uma condição de saúde. Ao procurar um farmacêutico em uma farmácia, ele menciona que também faz uso de medicamentos homeopáticos para complementar o tratamento. O farmacêutico, sabendo que a alopatia e a homeopatia têm abordagens diferentes, orienta o paciente sobre possíveis interações medicamentosas. Qual das opções a seguir é a mais adequada para o farmacêutico orientar o paciente?
   a) Os medicamentos homeopáticos não apresentam risco de interação com medicamentos alopáticos, pois sua abordagem é totalmente diferente.
   b) É importante que o paciente interrompa o uso dos medicamentos homeopáticos imediatamente, pois eles podem causar graves interações com o medicamento alopático.
   c) É possível que os medicamentos homeopáticos apresentem interações com o medicamento alopático, mas é necessário verificar

caso a caso, de acordo com as substâncias ativas dos medicamentos em questão.

d) Não há necessidade de preocupação com interações medicamentosas, pois ambos os tratamentos têm o mesmo objetivo.
e) Nenhuma das alternativas anteriores está correta.

Questão para reflexão

1. Reflita sobre como o avanço da ciência e da tecnologia está moldando o futuro da profissão farmacêutica e quais são os principais desafios e oportunidades que surgem com essas mudanças.

Capítulo 2
Oportunidades de carreira no âmbito farmacêutico

Conteúdos do capítulo:

- Linhas de atuação do farmacêutico.
- Oportunidades de carreira em diversas áreas.

Após o estudo deste capítulo, você será capaz de:

1. saber as áreas de atuação do farmacêutico;
2. identificar oportunidades de carreira.

2.1 Linhas de atuação do farmacêutico

Nos últimos anos, o papel do farmacêutico na sociedade moderna vem se expandindo consideravelmente. Hoje em dia, existem diversas linhas de atuação e especialidades vinculadas à profissão, que incluem da manipulação e dispensação de medicamentos até a pesquisa e o desenvolvimento de novas formulações. Além disso, esse profissional pode atuar em áreas como análises clínicas, toxicologia, farmacovigilância, assistência farmacêutica e farmácia hospitalar, entre várias outras.

Nesse sentido, as especialidades farmacêuticas são um exemplo das múltiplas possibilidades intrínsecas à profissão, das quais podemos citar: farmácia clínica, farmácia estética, farmácia industrial, farmácia homeopática etc. Cada especialidade tem suas particularidades e demanda conhecimentos específicos do profissional, o que torna a profissão de farmacêutico ainda mais rica e diversificada.

Diante de tantas linhas de atuação e especialidades, é fundamental que o farmacêutico se mantenha sempre atualizado e em constante aprimoramento de seus conhecimentos. A atualização é fundamental não somente para o aprimoramento profissional, mas também para garantir a segurança e a qualidade do atendimento prestado aos pacientes. Isso porque a complexidade da área farmacêutica exige que os profissionais estejam capacitados para lidar com as diversas demandas e situações que surgem no dia a dia de trabalho.

Portanto, o farmacêutico é um profissional plural que pode atuar em diferentes áreas da saúde, a saber: indústria farmacêutica, análises clínicas, drogarias, farmácias hospitalares, práticas integrativas e complementares em saúde (PICs), saúde pública e toxicologia, entre outras. Ademais, também pode desempenhar funções de gestão e liderança, bem como trabalhar na pesquisa e no desenvolvimento de novos produtos e medicamentos.

O Conselho Federal de Farmácia (CFF), por meio da Resolução n. 572, de 25 de abril de 2013:

> Dispõe sobre a regulamentação das especialidades farmacêuticas, por linhas de atuação [...] para efeito de registro de certificados e títulos na carteira profissional do farmacêutico, nos Conselhos Regionais de Farmácia (CRF). (Brasil, 2013a)

O art. 1º dessa resolução dispõe sobre as linhas de atuação de acordo com as especialidades farmacêuticas (Brasil, 2013a) (Figura 2.1):

I – Alimentos;

II – Análises clínico-laboratoriais;

III – Educação;

IV – Farmácia;

V – Farmácia hospitalar e clínica;

VI – Farmácia industrial;

VII – Gestão;

VIII – Práticas integrativas e complementares;

IX – Saúde pública;

X – Toxicologia.

Figura 2.1 – Áreas de atuação do farmacêutico

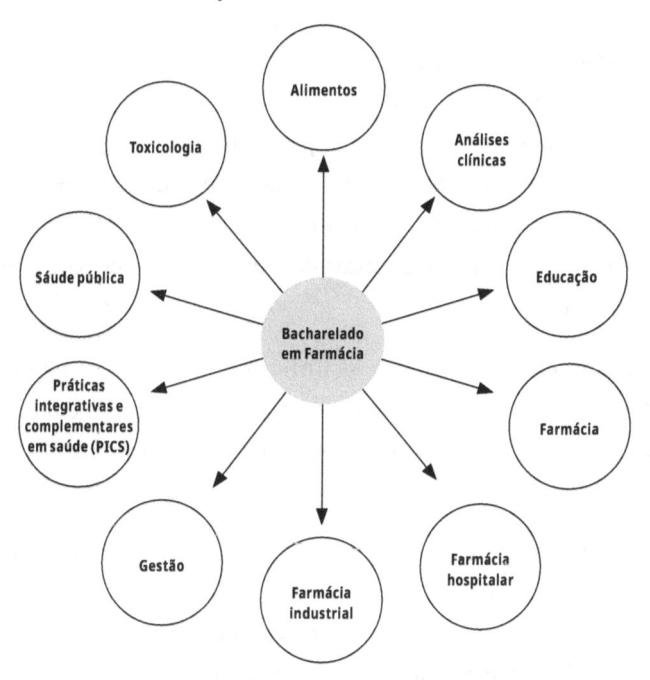

- Alimentos
- Toxicologia
- Análises clínicas
- Saúde pública
- Bacharelado em Farmácia
- Educação
- Práticas integrativas e complementares em saúde (PICS)
- Farmácia
- Gestão
- Farmácia industrial
- Farmácia hospitalar

Fonte: Elaborado com base em Brasil, 2013a.

Para que o farmacêutico possa desempenhar essas diversas atividades e atuar na promoção da saúde, é necessário desenvolver algumas habilidades, a saber:

- atenção a detalhes;
- capacidade de concentração e observação;
- curiosidade e espírito de investigação;
- facilidade com cálculos matemáticos;
- gosto pela pesquisa e pelos estudos;
- competência para transformar ideias em ações;
- capacidade de ouvir e responder a dúvidas;
- aptidão para se expressar por escrito;

- desenvoltura para fazer apresentações orais;
- capacidade de cooperação e iniciativa;
- facilidade para trabalhar em equipe;
- destreza para treinar e aconselhar;
- discernimento para reconhecer problemas e resolvê-los;
- capacidade de identificar oportunidades de fomentar inovações que gerem mais benefícios ao trabalho;
- capacidade de selecionar informações importantes para tomadas de decisão.

Levando em consideração as linhas de atuação e as habilidades desenvolvidas ao longo dos estudos, o profissional formado em Farmácia tem diversas opções de carreira para escolher, a saber (Brasil, 2013a; CFF, 2019):

- **Assistência farmacêutica:** Atuar na avaliação e no monitoramento de medicamentos, na orientação de pacientes sobre medicamentos e na prevenção de interações medicamentosas.
- **Farmácia clínica:** Atuar em hospitais, clínicas e unidades de saúde, garantindo a segurança e a qualidade da assistência farmacêutica.
- **Farmácia comunitária:** Atuar em farmácias de varejo, orientando e atendendo a população sobre questões relacionadas a medicamentos.
- **Pesquisa e desenvolvimento:** Atuar na pesquisa e no desenvolvimento de novos medicamentos e tecnologias farmacêuticas.
- **Regulação e controle de medicamentos:** Atuar na regulação e no controle de medicamentos, atestando a segurança e a qualidade dos medicamentos disponíveis no mercado.
- **Docência e ensino:** Atuar como professor e/ou pesquisador em instituições de ensino superior.
- **Indústria farmacêutica:** Atuar na produção, no controle de qualidade e na comercialização de medicamentos.

Essas são algumas das áreas de atuação mais comuns para um farmacêutico. Contudo, existem diversas outras opções que podem ser escolhidas, a depender dos interesses pessoais de cada profissional.

2.1.1 Alimentos, análises clínico-laboratoriais e educação

Na área de alimentos, o papel do farmacêutico engloba várias atribuições, da composição dos alimentos até o controle de qualidade, e abrange diversas tarefas e responsabilidades, tais como (Brasil, 2013a; CFF, 2019):

- **Controle de qualidade**: Garantir a segurança alimentar e a qualidade dos produtos, verificando a conformidade com regulamentos e normas.
- **Pesquisa e desenvolvimento**: Participar de pesquisas sobre novos produtos alimentícios e novas tecnologias de produção.
- **Regulamentação**: Conhecer e aplicar regulamentos e leis relacionados a alimentos, incluindo rotulagem e ingredientes.
- **Produção**: Monitorar o processo de produção e assegurar a qualidade dos ingredientes e da produção em si.
- *Marketing*: Desenvolver e implementar estratégias de *marketing* para produtos alimentícios, incluindo nutrição, saúde e bem-estar.
- **Educação**: Educar e informar o público acerca de aspectos referentes à alimentação saudável e segura.

Em geral, o farmacêutico que trabalha na área de alimentos é responsável por assegurar a qualidade, a segurança e a integridade dos produtos alimentícios e fomentar a adoção de hábitos alimentares saudáveis em toda a população.

A área de análises clínico-laboratoriais representa uma das mais importantes linhas de atuação do farmacêutico, profissional que, anteriormente, era conhecido como *farmacêutico bioquímico* – atualmente, a área em questão faz parte do currículo generalista. Nesse campo de atuação, o farmacêutico desenvolve as atividades nos laboratórios de análises clínicas, avaliando e obtendo laudos de análises feitas a partir de fluídos biológicos (sangue, urina, suor etc.). Entre os exames verificados por esse profissional, estão: hemograma, glicemia, colesterol, toxicológico para drogas de abuso, bem como exames genéticos, análises de tecidos etc. Além disso, o farmacêutico também é responsável por interpretar resultados, otimizar processos de coleta, armazenar e transportar amostras e garantir a qualidade geral do que está sendo analisado (Brasil, 2013a; CFF, 2019).

O farmacêutico pode atuar no setor da educação como professor universitário, orientador de estágios, pesquisador e consultor em programas de saúde. Também pode desenvolver e ministrar treinamentos e palestras a respeito de temas relacionados à saúde e à farmácia. A participação do farmacêutico na educação é fundamental para a formação de profissionais capacitados e a disseminação de conhecimentos sobre saúde e medicamentos (Brasil, 2013a; CFF, 2019).

Apresentamos, no Quadro 2.1, a seguir, as descrições de três linhas de atuação que podem ser seguidas pelo profissional de farmácia.

Quadro 2.1 – Linhas de atuação: alimentos, análises clínico-laboratoriais, educação

LINHAS	ESPECIALIDADES
Alimentos	Alimentos funcionais e nutracêuticos; banco de leite humano; controle de qualidade de alimentos; microbiologia de alimentos; nutrição enteral; nutrigenômica; pesquisa e desenvolvimento de alimentos; produção de alimentos.

(continua)

(Quadro 2.1 - conclusão)

LINHAS	ESPECIALIDADES
Análises clínico-laboratoriais	Análises clínicas; bacteriologia clínica; banco de materiais biológicos; banco de órgãos, tecidos e células; banco de sangue; banco de sêmen; biologia molecular; bioquímica clínica; citogenética; citologia clínica; citopatologia; citoquímica; cultura celular; genética; hematologia clínica; hemoterapia; histocompatibilidade; histoquímica; imunocitoquímica; imunogenética; imunoistoquímica; imunologia clínica; microbiologia clínica; parasitologia clínica; reprodução humana; virologia clínica.
Educação	Docência do ensino superior; educação ambiental; educação em saúde; metodologia de ensino superior; planejamento e gestão educacional.

Fonte: Elaborado com base em Brasil, 2013a; CFF, 2019.

Reiteramos que a área de análises clínicas é umas das principais esferas de atuação do farmacêutico, que é capaz de desenvolver atividades como: elaboração e implantação de protocolos e normas para a realização de exames; garantia da qualidade de resultados mediante a monitoria de processos e equipamentos; orientação aos pacientes e profissionais de saúde sobre a coleta, o armazenamento e a interpretação dos resultados; criação de novos métodos de análise. Dessa forma, em uma formação generalista, torna-se fundamental que esse profissional tenha habilidades e competências bem desenvolvidas na sua formação.

2.1.2 Farmácia, farmácia hospitalar e clínica e farmácia industrial

A farmácia de dispensação de medicamentos é a principal área de atuação do farmacêutico e compreende a maior alocação dos profissionais depois de formados. Sua função é orientar e garantir a segurança dos pacientes quanto ao uso correto dos medicamentos, fornecendo informações sobre interações medicamentosas, efeitos adversos, dosagens, entre outros aspectos importantes, além de envolver a gestão do estoque, prescrições médicas e o acompanhamento de pacientes crônicos.

Em resumo, a atuação do farmacêutico nas farmácias de dispensação contribui para uma assistência farmacêutica de qualidade e segura, sendo esta área exclusiva desse profissional, o que concentra nele a demanda por esse mercado (Brasil, 2013a).

Assim como na dispensação, a farmácia hospitalar também necessita que o farmacêutico permaneça em tempo integral no estabelecimento. Sua atuação nessa área vem ganhando mais espaço nos últimos anos, uma vez que, em conjunto com os demais trabalhadores da saúde, trata-se do profissional responsável pela aquisição, distribuição e administração segura dos medicamentos e tratamentos na unidade hospitalar. Ademais, seu foco reside na prevenção de interações medicamentosas, no correto armazenamento dos materiais e medicamentos, no descarte adequado dos resíduos hospitalares, entre outras importantes funções.

Responsável pelo desenvolvimento e pela produção maciça de medicamentos para a população, a farmácia industrial corresponde ao ramo da farmácia que engloba todas as indústrias da área. Nesse sentido, ela não apenas abrange o mercado de medicamentos, mas também outras indústrias, conforme pode ser visto a seguir (Brasil, 2013a; CFF, 2019):

- **Indústria alimentícia**: Atuar no desenvolvimento de novos produtos, no controle de qualidade e na garantia da segurança alimentar.
- **Indústria cosmética**: Atuar no desenvolvimento e na produção de cosméticos, no controle de qualidade e na garantia da segurança dos produtos.
- **Indústria de insumos de laboratório**: Atuar na coleta, na análise e na interpretação de resultados de exames.

Acompanhe, no Quadro 2.2, as descrições de três linhas de atuação para o profissional de farmácia.

Quadro 2.2 – Linhas de atuação: farmácia, farmácia hospitalar e clínica, farmácia industrial

LINHAS	ESPECIALIDADES
Farmácia	Assistência farmacêutica; atenção farmacêutica; atenção farmacêutica domiciliar; biofarmácia; dispensação; farmácia comunitária; farmácia magistral; farmácia oncológica; farmácia veterinária; farmacocinética clínica; farmacologia clínica; farmacogenética.
Farmácia hospitalar e clínica	Farmácia clínica domiciliar; farmácia clínica em cardiologia, farmácia clínica em cuidados paliativos; farmácia clínica em geriatria; farmácia clínica em hematologia; farmácia clínica em oncologia; farmácia clínica em pediatria; farmácia clínica em reumatologia; farmácia clínica em terapia antineoplásica; farmácia clínica em unidades de terapia intensiva; farmácia clínica hospitalar; farmácia hospitalar e outros serviços de saúde, nutrição parenteral; pesquisa clínica; radiofarmácia.
Farmácia industrial	Controle de qualidade; biotecnologia industrial; farmacogenômica; gases e misturas de uso terapêutico; hemoderivados; indústria de cosméticos; indústria farmacêutica e de insumos farmacêuticos; indústria de farmoquímicos; indústria de saneantes; nanotecnologia; pesquisa e desenvolvimento; tecnologia de fermentação.

Fonte: Elaborado com base em Brasil, 2013a.

Uma especialidade farmacêutica que cada vez mais tem se popularizado em estabelecimentos farmacêuticos (drogarias) e farmácias hospitalares é a do farmacêutico clínico, responsável pelos cuidados de saúde relacionados a medicamentos. Seu trabalho ocorre em colaboração com outros profissionais de saúde, como médicos, enfermeiros e nutricionistas, a fim de oferecer um cuidado mais completo e efetivo ao paciente.

Esse profissional pode atuar em diferentes locais, como hospitais, clínicas, consultórios e unidades básicas de saúde, revisando medicamentos, avaliando interações entre fármacos e orientando os pacientes a respeito de como usá-los, entre outras atividades. O objetivo do farmacêutico clínico é assegurar a segurança, a eficácia e a melhor utilização dos medicamentos pelos pacientes.

2.1.3 Gestão e práticas integrativas e complementares em saúde

O farmacêutico deve estar preparado para trabalhar na área de gestão. Isso porque, em uma farmácia, além de ser responsável por controlar o estoque e por outras atividades administrativas, ele assume, em suas diversas áreas de atuação, o papel de gestor. Dessa forma, na formação do farmacêutico, é fundamental que esse profissional entre em contato com disciplinas que contribuam para seu desenvolvimento no campo de gestão e empreendedorismo.

Nas práticas integrativas e complementares em saúde (PICs), como acupuntura, fitoterapia, aromaterapia, terapia floral, entre outras, o farmacêutico deve atuar colaborando na promoção da saúde e no tratamento de doenças em integração com outras terapias convencionais. Sob essa perspectiva, as funções do farmacêutico podem envolver desde a orientação sobre o uso seguro e eficaz dos produtos até a manipulação de fórmulas magistrais e a realização de consultas farmacêuticas. Nesse sentido, as PICs são técnicas que visam auxiliar no tratamento convencional, contribuindo para a prevenção e a melhora/cura de doenças.

O Quadro 2.3, na sequência, descreve mais três linhas de atuação que podem ser escolhidas pelos profissionais de farmácia.

Quadro 2.3 – Linhas de atuação: gestão, práticas integrativas e complementares em saúde (PICs)

LINHAS	ESPECIALIDADES
Gestão	Assuntos regulatórios; auditoria em saúde; avaliação de tecnologia em saúde; empreendedorismo; garantia da qualidade; gestão ambiental; gestão da assistência farmacêutica; gestão da qualidade; gestão de farmácias e drogarias; gestão de risco hospitalar; gestão e controle de laboratório clínico; gestão em saúde pública; gestão farmacêutica; gestão hospitalar; logística farmacêutica; *marketing* farmacêutico.

(continua)

(Quadro 2.3 - conclusão)

LINHAS	ESPECIALIDADES
Práticas integrativas e complementares em saúde	Acupuntura; antroposofia; apiterapia; aromaterapia; arteterapia; auriculoterapia; ayurveda; bioenergética; constelação familiar; cromoterapia; dança circular; eletroestimulação; geoterapia; hipnoterapia; homeopatia; imposição de mãos; massoterapia; meditação; musicoterapia; naturopatia; osteopatia; plantas medicinais e fitoterapia; quiropraxia; terapia comunitária; terapia de florais; termalismo-crenoterapia; yoga.

Fonte: Elaborado com base em Brasil, 2013a.

Em todas as áreas da saúde, é essencial que o farmacêutico seja capaz de trabalhar como gestor em hospitais, clínicas, indústrias farmacêuticas, distribuidoras de medicamentos etc., gerenciando equipes de profissionais, controlando estoques de medicamentos e implementando políticas de segurança e qualidade, além de atestar a conformidade com as normas regulatórias do setor.

2.1.4 Saúde pública e toxicologia

A atuação do farmacêutico na saúde pública compreende toda a prática que envolve a população em geral. Nesse campo de atuação, é comum que o profissional esteja vinculado a órgãos governamentais, como a Agência Nacional de Vigilância Sanitária (Anvisa), o Ministério da Saúde e o Sistema Único de Saúde (SUS), por exemplo. Além disso, existem várias áreas da saúde pública nas quais o farmacêutico pode trabalhar, das quais listamos as seguintes (Brasil, 2013a; CFF, 2019):

- **Gestão de farmácia hospitalar**: Garantir o uso racional e seguro de medicamentos pelos pacientes internados e ambulatoriais.
- **Dispensação de medicamentos nas Unidades Básicas de Saúde (UBS)**: Garantir o acesso aos medicamentos essenciais pelos usuários do SUS.
- **Atuação em vigilância sanitária**: Realizar a fiscalização de estabelecimentos que comercializam e manipulam produtos sujeitos à vigilância sanitária.

- **Participação em programas de saúde pública**: Participar de projetos de saúde pública voltados, por exemplo, ao controle da tuberculose, do tabagismo, da malária etc.
- **Atuação em laboratórios públicos de saúde**: Promover análises de medicamentos e produtos de saúde, a fim de atestar a qualidade e a segurança
- **Elaboração e execução de projetos de pesquisa na área da saúde pública**: Contribuir para a melhoria da qualidade de vida da população.

O farmacêutico toxicologista atua na identificação de substâncias lícitas e ilícitas em fluidos biológicos humanos, alimentos, medicamentos e produtos de interesse. Na área da toxicologia, uma possibilidade de atuação desse profissional diz respeito à polícia científica, cujo objetivo é desvendar crimes – por exemplo, casos de envenenamento.

Observe, no Quadro 2.4, a seguir, as descrições de outras duas linhas de atuação para o farmacêutico.

Quadro 2.4 – Linhas de atuação: saúde pública, toxicologia

LINHAS	ESPECIALIDADES
Saúde pública	Atendimento farmacêutico de urgência e emergência; controle de qualidade e tratamento de água; controle de vetores e pragas urbanas; epidemiologia genética; Estratégia Saúde da Família (ESF); farmacoeconomia; farmacoepidemiologia; farmacovigilância; gerenciamento dos resíduos em serviços de saúde; saúde ambiental; saúde coletiva; saúde do trabalhador; saúde ocupacional; segurança no trabalho; vigilância epidemiológica; vigilância sanitária.
Toxicologia	Análises toxicológicas; toxicogenética; toxicologia ambiental; toxicologia analítica; toxicologia clínica; toxicologia de alimentos; toxicologia de cosméticos; toxicologia de emergência; toxicologia de medicamentos; toxicologia desportiva; toxicologia experimental; toxicologia forense; toxicologia ocupacional; toxicologia veterinária.

Fonte: Elaborado com base em Brasil, 2013a.

Outra área de trabalho em que o papel do farmacêutico vem ganhando destaque é a perícia, que abrange as perícias criminal, trabalhista e em saúde, por exemplo. A esse respeito, a responsabilidade do farmacêutico perito é avaliar, analisar e interpretar dados e informações técnicas relacionados à sua esfera de atuação, a fim de esclarecer dúvidas ou questões que possam estar em discussão em processos judiciais ou administrativos.

Para saber mais

FRANÇA, C.; ANDRADE, L. G. de. Atuação do farmacêutico na assistência à saúde em farmácias comunitárias. **Revista Ibero-Americana de Humanidades, Ciências e Educação**, v. 7, n. 9, p. 398-413, 2021. Disponível em: <https://periodicorease.pro.br/rease/article/view/2223>. Acesso em: 22 maio 2024.

Esse artigo aborda a farmácia comunitária como estabelecimento que presta atendimento primário à população, destacando a busca por ampliar a atuação do farmacêutico e a participação da farmácia comunitária no sistema de saúde brasileiro.

OLIVEIRA, W. L. de; CARVALHO, A. R. A. de; SIQUEIRA, L. P. Atuação do farmacêutico hospitalar na Unidade de Terapia Intensiva (UTI). **Research, Society and Development**, v. 10, n. 14, p. 1-9, 2021. Disponível em: <https://rsdjournal.org/index.php/rsd/article/download/22578/19904/270596>. Acesso em: 22 maio 2024.

Nesse texto, os autores abordam a importância do farmacêutico hospitalar na equipe multidisciplinar da Unidade de Terapia Intensiva (UTI) e na prevenção de resultados clínicos negativos causados pelo uso de medicamentos.

CAMPOS, N. F.; SANTOS, A. L. V. dos; CARNICEL, C. Atuação do farmacêutico na área da estética: satisfação e expectativas futuras. **Revista Eletrônica Interdisciplinar**, v. 12, n. esp., p. 120-123, 2020. Disponível em: <http://revista.sear.com.br/rei/article/view/122/159>. Acesso em: 22 maio 2024.

Os autores desse artigo exploram a emergente área da saúde estética e o papel do farmacêutico como profissional qualificado para realizar procedimentos terapêuticos invasivos não cirúrgicos.

As três leituras indicadas oferecem uma visão abrangente das diversas oportunidades de atuação do farmacêutico em diferentes contextos de saúde.

Síntese

Neste capítulo, vimos que a profissão de farmacêutico contempla diversas possibilidades de atuação, entre as quais se destacam as práticas integrativas e complementares em saúde (PICS), que envolvem técnicas não convencionais de tratamento, como acupuntura e fitoterapia. Também tratamos da farmácia hospitalar, outra área de grande importância, na qual o farmacêutico é responsável pela gestão de medicamentos e orientação de pacientes internados. Além disso, explicamos que, na indústria farmacêutica, esse profissional pode se envolver em diversas etapas referentes ao processo de produção de medicamentos, desde a pesquisa e o desenvolvimento até a fabricação e o controle de qualidade.

Ademais, a educação e o ensino representam outras possibilidades de trabalho para o farmacêutico, que pode lecionar em cursos de graduação ou pós-graduação em Farmácia. Já as áreas de análises clínicas e toxicologia abrangem a realização de testes laboratoriais e a interpretação de resultados para o diagnóstico e o tratamento de doenças.

Independentemente da linha de atuação, é fundamental que o profissional esteja sempre atualizado e que busque o constante aprimoramento de seus conhecimentos, a fim de garantir a qualidade e a segurança do atendimento prestado aos pacientes.

Questões para revisão

1. Cite ao menos três exemplos de linhas de atuação do farmacêutico em relação às práticas integrativas e complementares em saúde (PICS).

2. Com base no estudo deste capítulo, explique como a expansão das áreas de atuação do farmacêutico está impactando a prestação de serviços de saúde à comunidade.

3. Em qual área o farmacêutico atua na gestão de medicamentos, orientação e farmácia clínica com equipe multidisciplinar?
   a) Farmácia hospitalar.
   b) Práticas integrativas e complementares em saúde (PICS).
   c) Indústria farmacêutica.
   d) Educação e ensino.
   e) Todas as alternativas anteriores estão corretas.

4. Qual é a área da farmácia em que o profissional pode atuar em diversas etapas do processo de produção de medicamentos?
   a) Farmácia hospitalar.
   b) Práticas integrativas e complementares em saúde (PICS).
   c) Indústria farmacêutica.
   d) Análises clínicas.
   e) Nenhuma das alternativas anteriores está correta.

5. Em que linha de atuação o farmacêutico pode lecionar em cursos de graduação ou pós-graduação em Farmácia?
   a) Educação e ensino.
   b) Análises clínicas.
   c) Farmácia hospitalar.
   d) Indústria farmacêutica.
   e) Todas as alternativas anteriores estão corretas.

Questão para reflexão

1. Reflita sobre os desafios e as oportunidades associados à diversificação das áreas de atuação do farmacêutico.

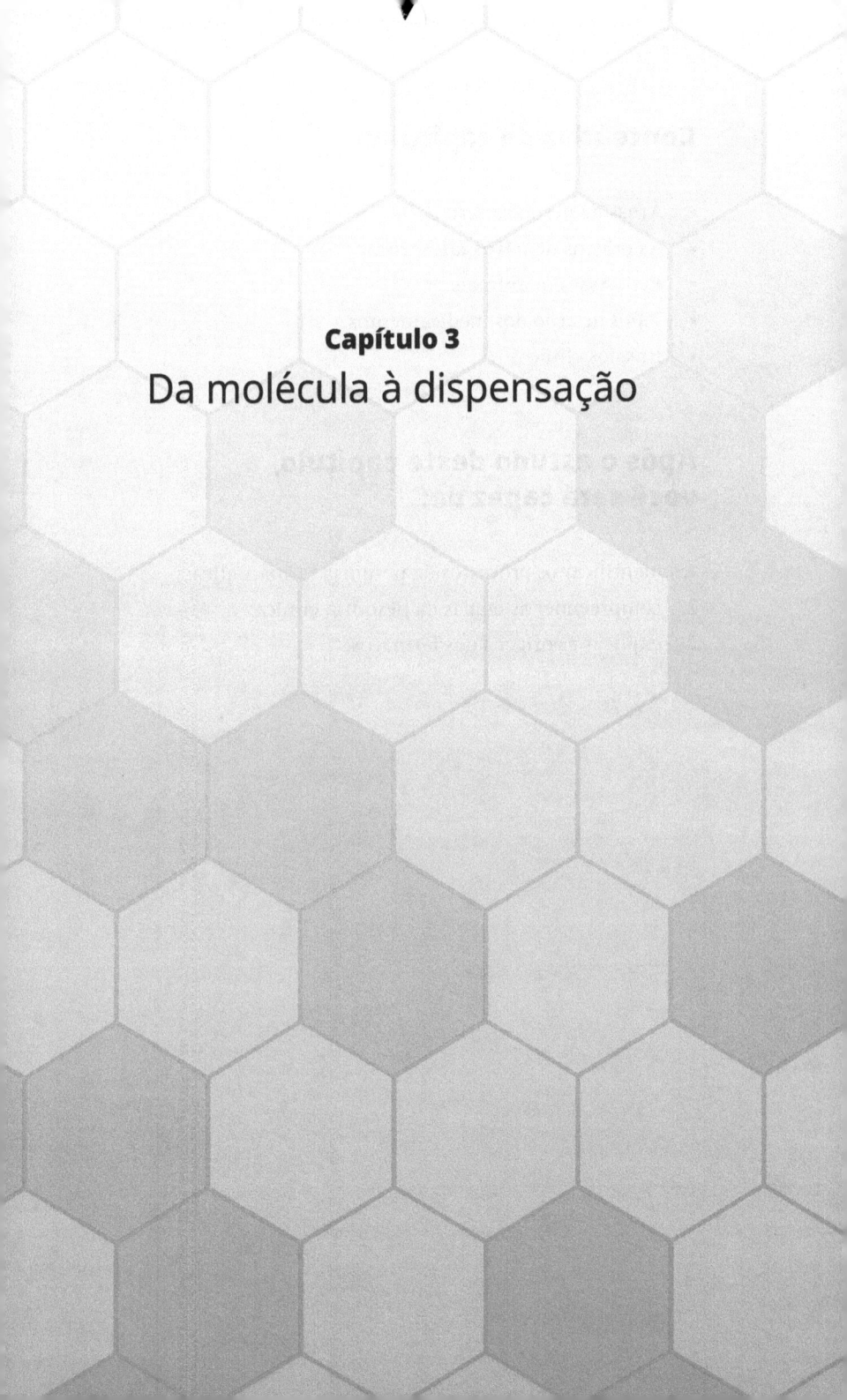

Capítulo 3
Da molécula à dispensação

Conteúdos do capítulo:

- Áreas de pesquisa farmacêutica.
- As origens de novos fármacos.
- Pesquisas em animais.
- Tipos de ação dos medicamentos.
- Ensaios clínicos.

Após o estudo deste capítulo, você será capaz de:

1. identificar os processos de pesquisa farmacêutica;
2. compreender as etapas da pesquisa clínica;
3. explicar as origens dos fármacos.

3.1 Pesquisa farmacêutica

O processo que envolve o desenvolvimento e a disponibilização de um medicamento é extremamente complexo e abrange diversas etapas. Da descoberta da molécula até a comercialização do fármaco, uma série de testes e avaliações são realizados para garantir a eficácia, a segurança e a qualidade. Além disso, existem normas e regulamentações específicas que regem a produção e a dispensação dos medicamentos.

Em razão disso, faz-se necessário abordar esse processo considerando todas fases correlacionadas: a identificação de uma molécula promissora, sua disponibilização ao paciente, as etapas de desenvolvimento, os testes clínicos, além do registro, da fabricação e da dispensação. Ademais, é preciso respeitar os aspectos regulatórios e cumprir as devidas exigências para asseverar a qualidade do medicamento, em um esforço que deve contar com a participação de diferentes profissionais e áreas de atuação, a fim de proporcionar o tratamento adequado e eficaz aos pacientes.

É nessa seara que entra em cena a pesquisa farmacêutica, que se refere ao estudo sistemático e rigoroso de medicamentos, levando em conta fatores como composição, propriedades, ações e interações no corpo humano. Trata-se de uma área interdisciplinar que engloba conceitos de química, biologia, farmacologia, tecnologia farmacêutica, entre outras disciplinas. Os objetivos da pesquisa farmacêutica são desenvolver novos remédios e terapias, aprimorar a eficiência dos já existentes, identificar interações medicamentosas e efeitos colaterais e avaliar a segurança e a eficácia dos fármacos antes de eles serem liberados para uso clínico. Portanto, podemos afirmar que a pesquisa farmacêutica é fundamental para o avanço da medicina e a melhoria da qualidade de vida da população.

Diante do exposto, a atuação dos profissionais farmacêuticos é crucial na pesquisa farmacêutica, na medida em que ocorre em todas as etapas, da identificação de novas moléculas à realização de ensaios clínicos e estudos de segurança e eficácia dos produtos.

Como comentamos no capítulo anterior, o profissional de farmácia tem um amplo escopo de possibilidades de trabalho, sendo uma delas relativa ao ofício de farmacêutico pesquisador. Embora essa carreira seja mais valorizada em países desenvolvidos no que se refere ao desenvolvimento de novos fármacos, a exemplo dos Estados Unidos, ela vem se mostrando bastante promissora no Brasil.

Para que o farmacêutico atue no âmbito da pesquisa, por se tratar de uma das carreiras mais especializadas da farmácia, é necessário ir além da graduação em Farmácia, ou seja, é preciso cursar mestrado, doutorado e/ou, até mesmo, pós-doutorado. Não por acaso, devido ao alto grau de especialização, as oportunidades, apesar de raras, oferecem excelentes remunerações.

O farmacêutico pesquisador é um profissional que deve ter amplo domínio nas áreas de química farmacêutica, farmacotécnica e tecnologia farmacêutica, química analítica, farmacocinética e farmacodinâmica. Ainda, ele precisa dominar a língua inglesa para acessar o conhecimento necessário ao exercício profissional – além do fato de que as pesquisas na área costumam ser promovidas por empresas estrangeiras. A esse respeito, saber se comunicar em espanhol pode ser um importante fator de diferenciação no mercado, pois parte da literatura técnica se apresenta nessa língua.

Na pesquisa em farmácia, o farmacêutico tem um papel fundamental, por meio das seguintes atribuições:

- participação na identificação de novas fontes de medicamentos, incluindo plantas, animais e microrganismos;
- contribuição no desenvolvimento de novos métodos de síntese de medicamentos e formulações farmacêuticas;
- participação na avaliação da segurança e eficácia dos medicamentos, mediante a realização de ensaios clínicos;

- colaboração na monitorização dos efeitos adversos dos medicamentos e de suas interações com outros medicamentos ou substâncias;
- auxílio na garantia da qualidade e da integridade dos dados da pesquisa farmacêutica;
- colaboração na comunicação dos resultados da pesquisa para a comunidade científica, a indústria farmacêutica e o público em geral;
- realização de estudos clínicos e pré-clínicos;
- análise de qualidade e controle de medicamentos;
- desenvolvimento de produtos fitoterápicos e nutracêuticos;
- pesquisa em tecnologia farmacêutica (por ex.: para o desenvolvimento de novas formas de administração de medicamentos);
- pesquisa em biotecnologia (por ex.: para a elaboração de terapias gênicas e celulares);
- pesquisa em toxicologia e segurança de medicamentos;
- pesquisa em farmacovigilância, que envolve o monitoramento e a avaliação da segurança e da eficácia dos medicamentos após sua comercialização.

Em resumo, a contribuição do profissional de farmácia é essencial na pesquisa farmacêutica, ao trabalhar como integrante de uma equipe interdisciplinar que visa garantir a segurança, a eficácia e a qualidade dos medicamentos para a população. Como mencionamos, esse campo é bastante amplo e oferece muitas oportunidades para quem deseja se especializar na área e contribuir para a saúde humana e animal.

Na indústria de medicamentos e em consultorias especializadas, o farmacêutico tem algumas responsabilidades, a saber:

- efetuar a pesquisa e o desenvolvimento de novos produtos;
- participar de políticas de lançamento de novos produtos;
- desenvolver formulações de medicamentos genéricos, similares e de referência;

- produzir lotes-pilotos, que são submetidos a testes de equivalência e bioequivalência farmacêutica;
- pesquisar novos excipientes, capazes de melhorar o perfil de biodisponibilidade dos fármacos;
- pesquisar novas moléculas, a fim de introduzir um medicamento inovador no mercado;
- analisar e acompanhar os testes *in vivo* para o lançamento de novos produtos;
- avaliar e recorrer a novos fornecedores de matérias-primas para a indústria farmacêutica;
- promover alterações farmacotécnicas em formulações já comercializadas, com o intuito de obter melhores perfis de liberação.

Obviamente, nem todos os farmacêuticos pesquisadores atuarão em todas essas atividades. A especialização e o aprofundamento em determinado segmento proporcionam a *expertise* necessária para que o profissional aprofunde seus conhecimentos na área de concentração escolhida. A esse respeito, é quase certo que um pesquisador que desenvolveu um novo comprimido não será o responsável por comandar os ensaios de controle de qualidade de tal produto.

Ademais, os farmacêuticos desempenham papéis vitais na produção de vacinas, que são medicamentos imunobiológicos amplamente empregados na prevenção de doenças imunopreveníveis (Anvisa, 2020). Paralelamente aos demais fármacos utilizados no tratamento de enfermidades, as vacinas também apresentam riscos à saúde, embora seja pouco frequente a ocorrência de eventos adversos associados à vacinação. Essa abordagem preventiva, respaldada pelos conhecimentos farmacêuticos, destaca a importância do profissional para assegurar a qualidade e a eficácia desses produtos, ao mesmo tempo em que reforça a compreensão de que as vacinas são, de fato, medicamentos.

Todavia, o farmacêutico pesquisador pode atuar em outras áreas, conforme pode ser observado na Figura 3.1, a seguir.

Figura 3.1 – Indústrias nas quais o farmacêutico pesquisador pode atuar

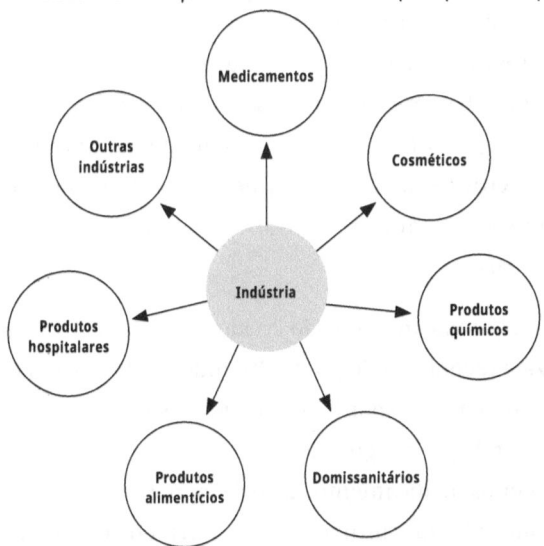

```
                    Medicamentos

    Outras                              Cosméticos
   indústrias

                      Indústria
    Produtos                            Produtos
  hospitalares                          químicos


        Produtos          Domissanitários
       alimentícios
```

O trabalho do farmacêutico na indústria pode envolver diversas atividades, como a pesquisa e o desenvolvimento de novos medicamentos e produtos farmacêuticos, a garantia da qualidade dos fármacos produzidos, o controle dos processos produtivos, a gestão de projetos, o suporte técnico e científico aos demais setores da empresa, entre outras. Ademais, esse profissional também pode trabalhar na regulamentação e no registro de produtos, assegurando que todos os aspectos legais e regulatórios sejam cumpridos (Brasil, 2013a).

3.2 Origem dos medicamentos

Os medicamentos podem ser classificados, segundo sua origem, em naturais, semissintéticos, sintéticos etc., conforme descrito a seguir (Calixto; Siqueira Júnior, 2008):

- **Substâncias naturais**: Medicamentos derivados de plantas e animais, tais como morfina, estricnina e quinina.

- **Síntese química**: Medicamentos sintetizados a partir de compostos químicos, como a aspirina e o paracetamol.
- **Biotecnologia**: Medicamentos produzidos com base em organismos vivos, como bactérias ou fungos, ou em proteínas recombinantes produzidas por organismos geneticamente modificados.
- **Síntese combinada**: Medicamentos obtidos mediante a combinação de substâncias naturais e sintéticas, como os produtos fitoterápicos.

Ou seja, os medicamentos são criados a partir de diferentes origens, da natureza à tecnologia de ponta. De todo modo, é fundamental que todos, antes de serem disponibilizados ao público, sejam rigorosamente avaliados em relação à segurança e à eficácia.

Para obter os medicamentos de origem natural, é possível recorrer a fontes como plantas, minerais e animais, entre outras., conforme apresentamos no Quadro 3.1.

Quadro 3.1 – Exemplos de fármacos de fontes naturais

Fonte	Fármaco	Uso terapêutico
Digitalis purpurea (planta)	Digoxina	Insuficiência cardíaca
Clostridium botulinum (bactéria)	Toxina botulínica A	Analgésico/estética
Penicillium spp. (fungo)	Penicilina	Antibiótico
Veneno de jararaca (animal)	Captopril	Hipertensão e insuficiência cardíaca
Cinchona officinalis	Quinina	Tratamento da malária
Taxus brevifolia	Paclitaxel	Tratamento de câncer

As substâncias consideradas semissintéticas dizem respeito a compostos químicos obtidos pela modificação química de uma substância natural previamente existente. Nesse processo, a estrutura molecular original da substância é modificada por meio de processos químicos, o que dá origem a um novo composto com propriedades diferentes da substância natural original (Cechinel Filho, 2023). Tais substâncias são frequentemente empregadas na produção de medicamentos e de outros produtos farmacêuticos. Veja alguns exemplos a seguir acompanhados de suas respectivas aplicações:

- **Amoxicilina**: Antibiótico semissintético obtido a partir da penicilina natural.
- **Omeprazol**: Inibidor da bomba de prótons utilizado no tratamento de úlceras gástricas, obtido a partir do derivado sulfenâmico do benzimidazol.
- **Metilfenidato**: Estimulante empregado no tratamento do transtorno de déficit de atenção e hiperatividade, obtido a partir do anel de piperidina.
- **Difenidramina**: Antialérgico e sedativo obtido a partir da benzidrina.
- **Salbutamol**: Broncodilatador usado no tratamento de doenças respiratórias obtido a partir do composto natural efedrina.

Por sua vez, os medicamentos sintéticos são produzidos com base em compostos químicos sintetizados em laboratório, isto é, não são extraídos de fontes naturais. Dessa maneira, podem ser desenvolvidos a partir de substâncias químicas puras ou de combinações de compostos químicos para criar moléculas. Em geral, esses fármacos são mais baratos e fáceis de produzir em grande escala, em comparação com os medicamentos naturais. É importante destacar que, embora sintéticos, eles também precisam passar por testes de segurança e eficácia para que sejam comercializados. Observe, a seguir, alguns exemplos de fármacos sintéticos e suas aplicações:

- **Paracetamol**: Analgésico e antitérmico.
- **Metformina**: Hipoglicemiante oral utilizado no tratamento do diabetes tipo 2.
- **Ciprofloxacino**: Antibiótico da classe das quinolonas.

- **Sildenafil**: Inibidor da enzima fosfodiesterase utilizado no tratamento da disfunção erétil.
- **Sinvastatina**: Inibidor da HMG-CoA redutase utilizado para a redução do colesterol.
- **Sertralina**: Antidepressivo da classe dos inibidores seletivos de recaptação de serotonina.
- **Ibuprofeno**: Anti-inflamatório, analgésico e antitérmico.
- **Atenolol**: Bloqueador beta-adrenérgico utilizado para o tratamento de hipertensão arterial.
- **Furosemida**: Diurético utilizado no tratamento de edema e hipertensão arterial.

Em suma, podemos classificar os fármacos, de acordo com sua origem, em três grupos principais: naturais, semissintéticos e sintéticos. Os de origem natural são obtidos diretamente de fontes naturais, como plantas, animais e microrganismos. Já os semissintéticos são adquiridos a partir de substâncias naturais modificadas por processos químicos. Por fim, os sintéticos são produzidos por síntese química completa em laboratório, sendo mais comuns que os dois anteriores e frequentemente utilizados em medicamentos de alta tecnologia. Alguns exemplos são o paracetamol, a aspirina e o ibuprofeno. De toda forma, os três tipos de fármacos apresentam vantagens e desvantagens em termos de eficácia e segurança. Nesse viés, o farmacêutico exerce uma função relevante associada à seleção e ao uso apropriado desses medicamentos, a fim de assegurar os melhores resultados possíveis aos pacientes.

3.3 Pesquisa pré-clínica (*in vivo* e *in vitro*)

Ensaios pré-clínicos (Figura 3.2) são estudos realizados com animais em laboratório e têm o intuito de investigar a segurança, a eficácia e a farmacocinética de um medicamento antes de este ser testado em humanos. Tais pesquisas ajudam a determinar a dosagem e a rota de administração do medicamento, além de identificar quaisquer efeitos colaterais potenciais. Ademais, também contribuem para avaliar a toxicidade do fármaco e determinar se ele é seguro o suficiente para ser usado em seres humanos.

Portanto, os ensaios pré-clínicos são essenciais porque, além de testarem novas moléculas, asseguram que as indústrias farmacêuticas invistam em qualidade, segurança e eficácia dos fármacos e, com efeito, estabeleçam doses adequadas para os mais diversos tratamentos.

Figura 3.2 – Ensaios pré-clínicos realizados na pesquisa de novos medicamentos

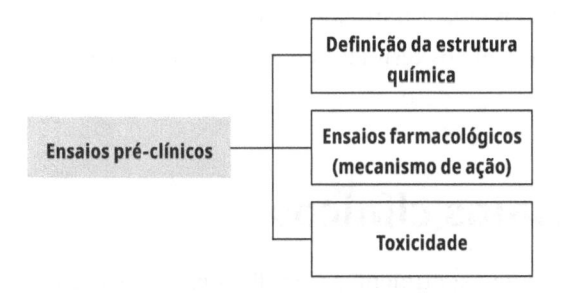

```
                              ┌── Definição da estrutura química
                              │
        Ensaios pré-clínicos ─┼── Ensaios farmacológicos (mecanismo de ação)
                              │
                              └── Toxicidade
```

A maioria dos medicamentos é desenvolvida para tratar as patologias dos seres humanos, e é precisamente esse aspecto que justifica a necessidade dos ensaios pré-clínicos, os quais são conduzidos em animais a fim de que seja possível determinar a toxicidade, a dosagem e o perfil farmacológico do composto em questão. Ainda, tais estudos também podem contribuir para identificar possíveis efeitos colaterais e definir parâmetros para testes clínicos subsequentes.

A fase pré-clínica é composta por testes em laboratório (em situações artificiais e em animais de experimentação) e pode se estender por vários anos até sua conclusão (Ferreira; Andricopulo, 2020). Por sua vez, a fase clínica é formada por quatro fases sucessivas e necessárias para a aprovação da nova medicação pelos órgãos competentes – tais como a Agência Nacional de Vigilância Sanitária (Anvisa), no Brasil, a Federal Food and Drug Administration (FDA), nos Estados Unidos, e a European Medicines Agency (EMA), na Europa – e posterior liberação e disponibilização para a população.

Todas as substâncias para uso médico devem apresentar uma indicação específica, em função do efeito biológico desejado para o qual se elabora um ensaio clínico. Nesse sentido, um novo produto só pode ser levado à experimentação em seres humanos quando já são conhecidos seus aspectos químicos e farmacológicos, bem como seus mecanismos de ação e toxicidade, por meio de provas pré-clínicas, *in vitro* ou em modelos experimentais (a depender da disponibilidade). O desenho do protocolo clínico e a documentação dos estudos devem seguir as recomendações dos órgãos normativos e de vigilância de medicamentos do país, a fim de que os resultados possam ser considerados válidos para a aprovação do produto.

3.4 Ensaios clínicos

A realização de experimentos científicos em seres humanos e em animais levanta questões éticas que demandam uma avaliação criteriosa de cada situação. Para garantir a segurança e a integridade dos participantes, é essencial analisar cuidadosamente os riscos associados à intervenção ou à ausência de intervenção no grupo placebo, assim como os possíveis benefícios do estudo. Nesse processo, princípios como voluntariedade e confidencialidade de informação são primordiais. Isto é, os participantes devem receber dados detalhados sobre a natureza da pesquisa, a metodologia adotada e os procedimentos médicos envolvidos, além de terem a opção de desistir do estudo a qualquer momento. Tais informações devem ser registradas por escrito, juntamente com o consentimento dos participantes em fazerem parte da pesquisa.

Os protocolos dos ensaios clínicos precisam ser revisados e aprovados por um comitê de ética institucional, cujos objetivos são avaliar a justificativa científica para a realização do estudo, atestar a qualificação dos investigadores e verificar a adequação dos protocolos e da documentação, além dos critérios de recrutamento e segurança dos participantes.

Em geral, a pesquisa clínica é classificada em quatro fases: I, II, III e IV (Ferreira; Andricopulo, 2020). Porém, antes de avançarmos, devemos lembrar que, para estudar clinicamente um medicamento, ele necessariamente precisa ter sido aprovado em testes pré-clínicos, ou seja, aspectos de segurança são avaliados em animais de experimentação antes que a droga seja aplicada em seres humanos. Então, quando a medicação recebe o aval para ser testada em humanos, têm início as fases de investigação clínica, as quais acontecem em sequência, até que o maior volume possível de informações sobre o medicamento seja obtido.

Acompanhe, na sequência, as descrições das quatro etapas vinculadas à pesquisa clínica, considerando os aspectos mais importantes e os principais objetivos de cada uma:

- **Fase I**: Farmacocinética (forma farmacêutica, absorção, distribuição, biotransformação, excreção, biodisponibilidade, nível sérico), doses diferentes, reação adversa ao medicamento (RAM), interações. Voluntários sadios; 20 a 100 pessoas; um ano.
- **Fase II**: Eficácia na doença, dose eficaz, posologia (dose e frequência de dose), outros efeitos, mecanismo de ação. Voluntários doentes; 100 a 300 pessoas; dois anos.
- **Fase III**: Definição da dose, posologia, eficácia na doença, segurança. Voluntários doentes; 1.000 a 3.000 pessoas; dois a quatro anos.
- **Fase IV**: Confirmação na prática, com informações reais de médicos especialistas por meio de tratamentos individuais. Possíveis ajustes posológicos, de acordo com os dados obtidos. Grande número de pacientes. Objetivos: (i) análise dos relatórios pelo órgão competente; (ii) licença de comercialização em grande escala.

A fase IV também é conhecida como *fase de farmacovigilância* e tem o intuito de detectar possíveis reações adversas na população após o medicamento ser comercializado.

3.4.1 Tipos de ensaios clínicos

Como vimos anteriormente, os ensaios clínicos são divididos em quatro fases, e existem vários tipos diferentes que podem ser escolhidos para a pesquisa de novos fármacos, a saber (Oliveira; Parente, 2010):

- **Ensaio não controlado**: Sem grupo controle, ou seja, não há utilização de fármaco de referência ou placebo para comparação.
- **Ensaio controlado**: Incorre no uso de grupos de controle. Por exemplo: fármaco novo *versus* padrão *versus* placebo.
- **Ensaio clínico multicêntrico**: Estudo realizado de acordo com um único protocolo, em mais de um centro de ensaio e, consequentemente, por mais de um investigador principal.
- **Ensaio clínico multicêntrico multinacional**: Estudo realizado de acordo com um único protocolo, em mais de um centro de ensaio e em mais do que um país – geralmente, envolve etnias diferentes.
- **Ensaio clínico aberto**: Estudo em que tanto o investigador como o doente sabem qual medicação está sendo administrada.
- **Ensaio clínico em ocultação simples**: Estudo em que o investigador sabe qual é o tratamento dado ao doente, mas este não tem acesso a essa informação.
- **Ensaio clínico em dupla ocultação**: Estudo em que doente e investigador não sabem qual tratamento está sendo realizado.
- **Ensaio clínico randomizado**: Processo de seleção no qual cada paciente tem a mesma probabilidade de ser sorteado para formar a amostra ou para ser alocado em um dos grupos de estudo.

- **Ensaio comparativo**: Estudo em que o medicamento em investigação é comparado com outra medicação, a qual pode ser um medicamento ativo ou placebo.

Os critérios para inclusão e exclusão de pacientes em ensaios clínicos variam conforme o objetivo do estudo e as características da população-alvo. Em geral, a definição dos critérios de inclusão objetiva garantir que os pacientes possuam os atributos que possibilitem avaliar a eficácia e a segurança do medicamento em estudo. Por seu turno, os critérios de exclusão são estabelecidos a fim de evitar a ocorrência de efeitos adversos ou de interferências que comprometam a validade dos resultados. Alguns critérios comuns para inclusão e/ou exclusão em ensaios clínicos incluem idade, sexo, gravidade da doença, tratamentos prévios, condições médicas preexistentes e uso de medicamentos concomitantes.

Vale ressaltar que, muitas vezes, os resultados das fases clínicas não demonstram a mesma eficácia após os medicamentos serem comercializados. Um dos motivos para isso é que os pacientes selecionados para as fases clínicas respeitam um padrão de critérios que, efetivamente, deixa de ser levado em conta depois que o fármaco é disponibilizado à população. Portanto, nesse contexto, é comum que os resultados apontem maior ou menor eficiência.

Um estudo clínico que merece destaque é o que deu origem ao Acheflan, um medicamento tópico totalmente nacional indicado para aliviar sintomas de inflamação e dores em condições musculoesqueléticas, como tendinites, bursites, contusões, torcicolos, dores lombares e traumas em geral. A pesquisa foi desenvolvida em duas etapas: a primeira consistiu em um estudo multicêntrico, randomizado, duplo-cego, controlado por placebo, e envolveu 145 pacientes diagnosticados com dor lombar aguda; a segunda se tratou de um estudo multicêntrico, randomizado, duplo-cego, controlado por diclofenaco sódico, com 318 pacientes diagnosticados com dor musculoesquelética aguda. Os resultados revelaram que, em ambas as condições, o tratamento com Acheflan se mostrou eficaz e seguro, com perfil de segurança semelhante ao diclofenaco sódico (Ruppelt, 2022; Silva; Leite, 2016).

3.5 Do registro à dispensação

No processo de desenvolvimento e disponibilização de medicamentos, o registro é absolutamente crucial. Antes que um fármaco seja comercializado em um país, ele deve passar por etapas rigorosas que garantam sua eficácia, segurança e qualidade. Essa avaliação é promovida pelas autoridades regulatórias da localidade em questão (como já informado, no Brasil, o órgão máximo é a Anvisa), que revisam os dados dos estudos pré-clínicos e clínicos, bem como os testes de biodisponibilidade, bioequivalência e estabilidade do medicamento, além das análises de controle de qualidade. Todos esses testes são obrigatórios e fundamentais para que seja possível avaliar os benefícios e os riscos dos fármacos previamente à sua comercialização.

Depois que o fármaco é aprovado e devidamente inserido no mercado, ele pode ser registrado em outros países. Nesse processo, as autoridades regulatórias de cada local analisam os dados referentes aos estudos do medicamento e às condições de registro do país de origem, a fim de avaliar se a droga é segura e eficaz em sua população.

A esse respeito, após a comercialização do medicamento, tem-se o processo denominado *farmacovigilância*, que se refere à detecção, avaliação, compreensão e prevenção dos efeitos adversos ou de quaisquer outros problemas relacionados à utilização desse fármaco. Assim, o objetivo da farmacovigilância é asseverar que os remédios sejam usados de maneira segura e eficaz pelas pessoas. Por essa razão, os profissionais das áreas da saúde são encorajados a relatar a ocorrência de eventos adversos que porventura estejam associados ao uso de determinada medicação.

Outra etapa importante vinculada ao processo em estudo, e posterior ao registro e à aprovação de um medicamento, diz respeito à dispensação, a qual é fundamental para que os pacientes recebam os tratamentos adequados. A dispensação pode ocorrer em farmácias, hospitais e demais instituições de saúde. É importante que o fármaco seja dispensado de acordo com a prescrição médica e que o paciente seja instruído a utilizá-lo de modo adequado e seguro. Além disso, os profissionais da saúde devem fornecer as devidas orientações a respeito dos possíveis efeitos adversos e de como evitá-los.

Em suma, o registro do medicamento no país de origem, a farmacovigilância e a dispensação adequada são processos críticos para asseverar que os pacientes recebam os tratamentos seguros e eficazes. Desse modo, tais processos devem ser conduzidos com rigor e ética pelos profissionais de saúde, garantindo a qualidade e a segurança dos medicamentos em todo o mundo.

Para saber mais

BRISTOT, S. F. et al. Uso medicinal de *Varronia curassavica* Jacq. "erva-baleeira" (Boraginaceae): estudo de caso no Sul do Brasil. **Brazilian Journal of Animal and Environmental Research**, v. 4, n. 1, p. 170-182, jan./mar. 2021. Disponível em: <https://ojs.brazilianjournals.com.br/ojs/index.php/BJAER/article/view/23413/18806>. Acesso em: 22 maio 2024.

O artigo em questão destaca a prática antiga do uso de plantas medicinais, como a erva-baleeira, tanto em áreas rurais quanto urbanas, e sua importância na pesquisa para o desenvolvimento de novos medicamentos. O levantamento realizado visa entender o conhecimento local sobre a planta objeto de análise, destacando várias possibilidades de uso, como anti-inflamatório tópico (validado pela Anvisa), além de outras indicações populares que necessitam de estudos adicionais para validar sua segurança e sua eficácia.

Síntese

Neste capítulo, vimos que a pesquisa de medicamentos consiste em um processo crucial para a descoberta de novos fármacos e tratamentos, do qual a pesquisa clínica é uma etapa importante, pois envolve a realização de testes em seres humanos com o objetivo de avaliar a eficácia e a segurança dos produtos. Também comentamos que, após a aprovação regulatória e o registro do medicamento, a etapa de dispensação, considerando suas boas práticas, é essencial para atestar que o fármaco chegue aos pacientes de maneira adequada e segura. Todas essas fases são fundamentais para promover a saúde e o bem-estar da população.

Para finalizar, na Figura 3.3, a seguir, apresentamos todos os processos (em ordem) abordados neste capítulo.

Figura 3.3 – Fases de desenvolvimento de um novo medicamento

Pré-clínico	*In vitro* *In vivo*
Ensaios clínicos	Fase I: segurança Fase II: eficácia Fase III: multicêntrico Fase IV: farmacovigilância
Farmacovigilância	Fase IV: todo medicamento sempre estará em farmacovigilância, com o objetivo de se verificar possíveis reações adversas ao fármaco

Questões para revisão

1. Qual é a diferença entre a pesquisa pré-clínica *in vivo* e a pesquisa clínica?

2. De acordo com o conteúdo deste capítulo, quais são os desafios éticos e práticos enfrentados na condução de pesquisas clínicas?

3. Qual pode ser a origem das moléculas utilizadas nos medicamentos?
   a) Moléculas sintetizadas em laboratório.
   b) Moléculas extraídas de plantas e animais.
   c) Moléculas encontradas na natureza.
   d) Todas as alternativas anteriores estão corretas.
   e) Nenhuma das alternativas anteriores está correta.

4. O que é farmacovigilância?
   a) É o processo de registro de medicamentos no país de origem.
   b) É o processo de estudo dos efeitos dos medicamentos em humanos.
   c) É o processo de monitoramento da segurança e da eficácia dos medicamentos após o registro.
   d) É o processo de dispensação dos medicamentos aos pacientes.
   e) Todas as alternativas anteriores estão corretas.

5. O que é dispensação de medicamentos?
   a) É o processo de registro de medicamentos no país de origem.
   b) É o processo de estudo dos efeitos dos medicamentos em humanos.
   c) É o processo de monitoramento da segurança e da eficácia dos medicamentos após o registro.
   d) É o processo de distribuição e orientação dos medicamentos aos pacientes.
   e) Nenhuma das alternativas anteriores está correta.

Questão para reflexão

1. Como as pesquisas clínicas contribuem para avanços na medicina e na saúde pública?

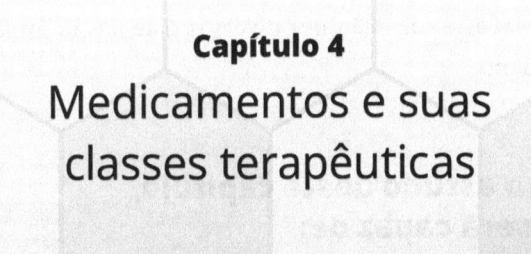

Capítulo 4
Medicamentos e suas classes terapêuticas

Conteúdos do capítulo:

- Medicamentos no Brasil.
- Medicamentos referência *versus* genérico *versus* similar/equivalente.
- Fármacos e sua ação nos diversos sistemas do organismo humano.

Após o estudo deste capítulo, você será capaz de:

1. identificar os tipos de medicamentos no Brasil;
2. diferenciar medicamento referência de genérico e similar/equivalente;
3. associar alguns medicamentos utilizados às respectivas patologias.

4.1 Medicamentos no Brasil

No contexto da farmacologia, é fundamental entender a diferença entre medicamentos de referência, genéricos e similares. Cada uma dessas categorias apresenta particularidades quanto à composição, à eficácia e à segurança. Além disso, a organização dos fármacos em classes terapêuticas consiste em uma forma de agrupá-los com base em suas indicações clínicas e em seus mecanismos de ação.

Segundo a Agência Nacional de Vigilância Sanitária (Anvisa), atualmente, no Brasil, são comercializados três tipos de medicamentos: de referência, genérico e similar ou equivalente (Brasil, 2020). O medicamento de referência, conforme definição do inciso XXII, art. 3º, da Lei n. 6.360, de 23 de setembro de 1976, consiste no fármaco considerado um

> produto inovador registrado no órgão federal responsável pela vigilância sanitária e comercializado no País, cuja eficácia, segurança e qualidade foram comprovadas cientificamente junto ao órgão federal competente por ocasião do registro. (Brasil, 1976)

Os medicamentos considerados de referência são produzidos por laboratórios farmacêuticos por meio de pesquisas que, muitas vezes, estendem-se por muitos anos. Dessa forma, essas empresas têm exclusividade sobre a comercialização dos fármacos durante a vigência do período da patente (em geral, entre 10 e 20 anos).

Por sua vez, o medicamento genérico, de acordo com a Anvisa, é aquele que, em relação ao de referência, apresenta o(s) mesmo(s) princípio(s) ativo(s), dosagem e forma farmacêutica, além de ser administrado pela mesma via e de ter as mesmas posologia e indicação terapêutica – que consta na Resolução da Diretoria Colegiada (RDC) n. 35, de 15 de junho de 2012. Logo, sua eficácia e segurança são equivalentes às do fármaco de referência e, por isso, ambos podem ser intercambiáveis (Brasil, 2020).

Os medicamentos genéricos surgiram no Brasil por meio da Lei n. 9.787, de 10 de fevereiro de 1999 (Brasil, 1999c), como uma opção de tratamento mais acessível à população. Essa lei estabeleceu que os fármacos genéricos, em relação aos de referência, devem ser iguais em termos de substância ativa, dosagem, forma farmacêutica, via de administração e indicação terapêutica. Além disso, o medicamento genérico deve passar por testes de bioequivalência, a fim de comprovar que apresenta as mesmas eficácia e segurança que o medicamento de referência.

No momento da dispensação, o farmacêutico pode substituir o medicamento de referência pelo genérico, já que a eficácia deste é assegurada por testes de equivalência terapêutica, que incluem comparação *in vitro* (mediante estudos de equivalência farmacêutica) e *in vivo* (estudos de bioequivalência apresentados à Anvisa). Contudo, a substituição (intercambialidade) do medicamento prescrito deverá ser realizada somente pelo farmacêutico responsável e devidamente registrada na prescrição médica.

Nas embalagens dos medicamentos de referência constam o nome comercial e, abaixo deste, o nome do princípio ativo. Já os genéricos podem ser identificados pela tarja amarela obrigatória, na qual se lê *Medicamento Genérico*, e as embalagens devem trazer a indicação *Medicamento Genérico Lei n. 9.787, de 1999*. Os fármacos genéricos não têm nome comercial, ou seja, o nome apresentado na embalagem corresponde ao princípio ativo.

Por sua vez, os medicamentos similares ou equivalentes, em relação aos de referência, são aqueles que possuem o(s) mesmo(s) princípio(s) ativo(s), concentração, forma farmacêutica, via de administração, posologia e indicação terapêutica. Os medicamentos similares podem diferir somente em características como: tamanho e forma do produto, prazo de validade, embalagem, rotulagem, excipiente e veículo, e sempre devem ser identificados pelo nome comercial (marca).

Até dezembro de 2014, era necessário que todos os medicamentos similares comprovassem, na Anvisa, sua eficácia e segurança mediante a realização de estudos de bioequivalência com o medicamento de referência. Sendo assim, após o vencimento da licença de comercialização, os fármacos que não se adequaram a essa exigência deixaram de ser comercializados. Os medicamentos aprovados são disponibilizados na listagem oficial da Anvisa de medicamentos similares intercambiáveis. Portanto, como mencionamos anteriormente, o farmacêutico pode promover a intercambialidade destes com os fármacos de referência.

Acompanhe, a seguir, a diferença entre os medicamentos similar e equivalente em relação ao fármaco de referência registrado na Anvisa (Brasil, 2020):

- **Medicamento similar**: É igual em termos de princípio ativo, concentração, forma farmacêutica, via de administração e indicação terapêutica, mas pode apresentar diferenças em características como tamanho, sabor, cor, embalagem, prazo de validade, entre outras.
- **Medicamento equivalente**: É igual em termos de princípio ativo, concentração, forma farmacêutica e via de administração, sendo, portanto, intercambiável com o de referência. Ou seja, os medicamentos equivalentes são substituíveis entre si.

Ainda, em comparação com os fármacos de referência, os preços dos medicamentos genérico e similar/equivalente são mais baixos. Isso porque sua produção não demanda pesquisas por parte dos fabricantes, já que as características dessas medicações são as mesmas encontradas nos remédios de referência.

Entre os objetivos associados ao desenvolvimento dos medicamentos genéricos, podemos citar os seguintes (Malheiros, 2021):

- disponibilizar fármacos com preços mais baixos, considerando que, no mínimo, os genéricos devem ser 35% mais baratos que os de referência;

- reduzir os valores dos medicamentos de referência, em virtude da entrada de medicamentos concorrentes (genéricos);
- contribuir para aumentar o acesso da população a medicamentos de qualidade, seguros e eficazes.

4.2 Classes terapêuticas

Existem diversas formas de classificar os medicamentos, tais como pela estrutura química, pelo mecanismo de ação e pelo uso terapêutico. Na Figura 4.1, a seguir, apresentamos as principais classes terapêuticas dos fármacos.

Figura 4.1 – Classes terapêuticas

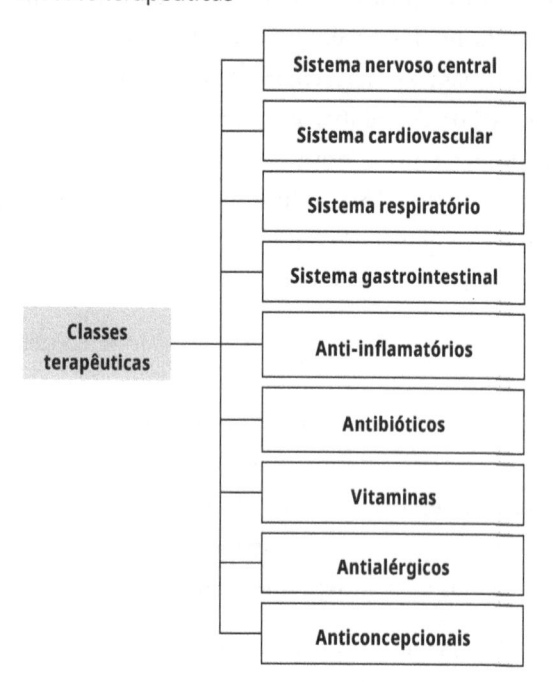

Classes terapêuticas:
- Sistema nervoso central
- Sistema cardiovascular
- Sistema respiratório
- Sistema gastrointestinal
- Anti-inflamatórios
- Antibióticos
- Vitaminas
- Antialérgicos
- Anticoncepcionais

4.2.1 Classes terapêuticas: sistema nervoso central, sistema cardiovascular e sistema respiratório

As classes terapêuticas são categorizadas de acordo com os sistemas biológicos com os quais interagem e representam a ligação entre a medicina e a farmacologia. Entre as mais diversas classes, estão aquelas que atuam no sistema nervoso central (SNC), no sistema cardiovascular e no sistema respiratório.

O SNC, composto por cérebro e medula espinhal, é o principal centro de controle do corpo humano. Os medicamentos que atuam nesse sistema, como analgésicos, ansiolíticos, antipsicóticos e anticonvulsivantes, são fundamentais para o tratamento de condições como dor crônica, transtornos de ansiedade, esquizofrenia e epilepsia. Esses fármacos podem modificar a atividade neural, influenciando os neurotransmissores e receptores específicos, o que proporciona o manejo de uma ampla gama de distúrbios neurológicos e psiquiátricos.

Já o sistema cardiovascular, responsável pela circulação sanguínea e pela manutenção da homeostase, é fundamental para a sobrevivência. Os medicamentos cardiovasculares incluem anti-hipertensivos, antiarrítmicos, anticoagulantes e diuréticos, essenciais no tratamento de hipertensão, arritmias, tromboses e insuficiência cardíaca. Tais fármacos atuam de diversas maneiras, como na regulação da pressão arterial, na estabilização do ritmo cardíaco, na prevenção da formação de coágulos sanguíneos e na redução do volume de fluido no corpo, contribuindo para a saúde cardíaca e vascular.

O sistema respiratório, composto pelos pulmões e pelas vias aéreas, é responsável pela troca de gases vitais, como oxigênio e dióxido de carbono. Os medicamentos que atuam nesse sistema, como broncodilatadores, anti-inflamatórios, mucolíticos e antitussígenos, são necessários para o tratamento de condições como asma, doença pulmonar obstrutiva crônica (DPOC), bronquite e outras doenças respiratórias.

Esses fármacos facilitam a respiração ao dilatar as vias aéreas, reduzir a inflamação, promover a eliminação de muco e aliviar a tosse.

Cada uma dessas classes terapêuticas desempenha um papel relevante no manejo de condições específicas, melhorando a qualidade de vida dos pacientes e, muitas vezes, sendo vitais para a sobrevivência. A compreensão do farmacêutico em relação aos mecanismos de ação, às indicações e às interações entre tais medicamentos é crucial para a prática clínica eficaz e segura.

Fármacos que atuam no sistema nervoso central

Os fármacos que atuam no SNC compreendem uma classe de medicamentos que afetam as funções do cérebro e da medula espinhal. Tais fármacos são empregados no tratamento de diversas condições, de dores de cabeça e insônia a transtornos mentais como depressão, ansiedade, esquizofrenia e transtorno do espectro autista (TEA).

A interferência de algumas drogas no funcionamento do SNC ocorre de diferentes maneiras, incluindo a alteração da atividade dos neurotransmissores, substâncias químicas que transmitem sinais entre as células nervosas no cérebro e na medula espinhal.

Alguns desses medicamentos são conhecidos como *psicotrópicos*, isto é, atuam no cérebro e no psiquismo, entre os quais estão antidepressivos, ansiolíticos, antipsicóticos, hipnóticos e sedativos, normalmente empregados no tratamento de transtornos mentais como depressão, ansiedade, esquizofrenia e transtornos do sono.

Além disso, existem medicamentos que atuam no SNC, mas não se vinculam a transtornos mentais, a exemplo de analgésicos, anticonvulsivantes e anestésicos, os quais podem aliviar dores, prevenir convulsões e sedar o paciente durante procedimentos médicos.

Contudo, é fundamental ter em mente que todos os medicamentos capazes de afetar o SNC oferecem riscos à saúde e podem, inclusive, causar efeitos colaterais. Portanto, devem ser administrados exclusivamente sob orientação médica.

Listamos, na sequência, alguns exemplos de fármacos que atuam no SNC:

- **Antidepressivos**: Indicados para o tratamento da depressão e de outros transtornos depressivos de humor (exemplos: agomelatina, amitriptilina e fluoxetina).
- **Estabilizadores de humor**: Recomendados para o tratamento do transtorno bipolar de humor (exemplo: lítio).
- **Ansiolíticos**: Indicados para os transtornos de ansiedade, como o transtorno de estresse pós-traumático e o transtorno de ansiedade generalizada – TAG (exemplos: bromazepam e diazepam).
- **Hipnótico-sedativos**: Empregados para induzir o sono (exemplos: midazolam e zolpidem).
- **Anticonvulsivantes**: Recomendados para tratar transtornos epileptiformes (exemplos: carbamazepina e topiramato).
- **Antiparkinsonianos**: Indicados para o tratamento de Mal de Parkinson (exemplos: biperideno e levodopa + carbidopa).

Vale ressaltar que tais medicamentos podem acarretar efeitos adversos e riscos, devendo ser utilizados apenas sob orientação médica. Ademais, é essencial que os pacientes sigam as instruções de dosagem e informem o médico sobre quaisquer efeitos colaterais que porventura surjam.

Os fármacos que atuam no SNC podem melhorar significativamente a qualidade de vida das pessoas que sofrem de condições neurológicas ou de transtornos mentais, mas é imprescindível utilizá-los com responsabilidade e cautela.

Fármacos que atuam no sistema cardiovascular

Composto por coração, vasos sanguíneos e sangue, o sistema cardiovascular é responsável por transportar oxigênio e nutrientes para as células do corpo e remover os produtos metabólicos. Os fármacos que atuam nesse sistema contemplam uma classe de medicamentos que afetam o coração e os vasos sanguíneos e são empregados no tratamento de diversas condições relacionadas a esse sistema, de doenças cardíacas e hipertensão arterial até trombose e insuficiência cardíaca.

São várias as maneiras pelas quais os fármacos que atuam no sistema cardiovascular podem interferir no funcionamento de seus componentes. Alguns desses medicamentos são usados para controlar a pressão arterial, tais como os anti-hipertensivos, capazes de relaxar os vasos sanguíneos, reduzindo a resistência ao fluxo sanguíneo e, com efeito, diminuindo a pressão arterial. Por sua vez, há medicamentos que podem ajudar a controlar o ritmo cardíaco, a exemplo dos antiarrítmicos, que contribuem para a regulação dos batimentos cardíacos e a redução do risco de arritmias cardíacas.

Ademais, existem medicamentos que atuam no sistema cardiovascular com o objetivo de coibir a formação de coágulos sanguíneos, como os anticoagulantes e antiplaquetários. Tais fármacos auxiliam a prevenir ataques cardíacos, derrames e trombose.

Assim como os medicamentos que atuam no SNC, todos os fármacos associados ao sistema cardiovascular apresentam riscos à saúde e também podem ocasionar efeitos colaterais, devendo ser utilizados apenas sob orientação médica.

Observe, a seguir, alguns exemplos de fármacos que atuam no sistema cardiovascular:

- **Insuficiência cardíaca congestiva**: Indicados em situações nas quais o coração não está bombeando sangue suficiente para atender às necessidades do organismo. Como resultado, pode haver acúmulo de fluido nas pernas, nos pulmões e em outros tecidos por todo o corpo. O tratamento dessa condição pode incluir medicamentos anti-hipertensivos.

- **Antiarrítmicos**: Recomendados para o tratamento de arritmias cardíacas, a exemplo da adenosina e do sotalol.
- **Anti-hipertensivos**: Indicados para o tratamento da hipertensão arterial:
  - **simpatolíticos** – doxazosina e propranolol (propranolol);
  - **vasodilatadores** – hidralazina e nitroprusseto de sódio;
  - **diuréticos** – furosemida e hidroclorotiazida;
  - **outros fármacos** – captopril (capoten) e losartana.

Fármacos que atuam no sistema respiratório

Composto por pulmões, traqueia, brônquios e alvéolos, o sistema respiratório é responsável pela troca gasosa entre o corpo e o ambiente, permitindo que o oxigênio seja absorvido pelos pulmões e que o dióxido de carbono seja eliminado. Os fármacos que atuam nesse sistema pertencem a uma classe de medicamentos que afetam os pulmões e as vias respiratórias. São empregados no tratamento de várias condições respiratórias, como asma, doença pulmonar obstrutiva crônica (DPOC) e bronquite.

Os componentes do sistema respiratório podem ser afetados de diversas maneiras pelos fármacos: há medicamentos utilizados para relaxar os músculos das vias respiratórias, reduzindo a resistência ao fluxo de ar e melhorando a respiração, enquanto outros contribuem para diminuir a inflamação das vias respiratórias, ajudando a controlar os sintomas de condições como a asma.

Todos os medicamentos que afetam o sistema respiratório apresentam riscos à saúde e podem acarretar efeitos adversos, devendo sempre ser administrados mediante orientação médica. É essencial que os pacientes sigam as instruções de dosagem e informem o médico sobre quaisquer efeitos colaterais que possam sentir.

Como exemplos de medicamentos que atuam no sistema respiratório, citamos os seguintes:

- **Antitussígenos**: Inibem o reflexo da tosse (exemplos: cloperastina e codeína).
- **Expectorantes e mucolíticos**: Promovem a expectoração (exemplos: ambroxol e carbocisteína).
- **Antiasmáticos**: Indicados para a profilaxia de crises agudas de asma ou para o alívio do broncoespasmo, quando já instalado (exemplos: salbutamol e zafirlucaste).

4.2.2 Classes terapêuticas: sistema gastrointestinal, vitaminas e anticoncepcionais

As classes terapêuticas que atuam no sistema gastrointestinal, vitaminas e anticoncepcionais são de grande relevância na prática farmacêutica. Medicamentos voltados para o sistema gastrointestinal, como antiácidos, antieméticos, laxantes e inibidores da bomba de prótons, são amplamente utilizados para tratar condições como refluxo gastroesofágico, náuseas, constipação e úlceras gástricas. Nesse sentido, o farmacêutico tem um papel importante na orientação do uso correto desses fármacos, monitorando a eficácia e prevenindo interações medicamentosas adversas.

Por sua vez, as vitaminas, necessárias para diversas funções metabólicas e fisiológicas, frequentemente requerem suplementação com o intuito de prevenir ou tratar deficiências nutricionais, contribuindo para a saúde óssea, imunológica e celular. A esse respeito, é responsabilidade do farmacêutico conduzir os pacientes à escolha adequada de suplementos vitamínicos e verificar possíveis interações com outros medicamentos. Já quanto aos anticoncepcionais, usados tanto para a prevenção de gravidez quanto para o manejo de condições ginecológicas, como dismenorreia e síndrome dos ovários policísticos, o farmacêutico exerce um papel central para educar os pacientes em relação à correta utilização desses medicamentos, assim quanto à gestão de efeitos colaterais e à avaliação de contraindicações, assegurando a segurança e a eficácia do tratamento.

Fármacos que atuam no trato gastrointestinal

Composto por esôfago, estômago, intestino delgado, intestino grosso, reto e ânus, o trato gastrointestinal é responsável pela digestão e absorção dos nutrientes dos alimentos, além de eliminar resíduos do corpo. Os fármacos que nele atuam compreendem a classe de medicamentos que afetam o sistema digestivo, empregados no tratamento de condições gastrointestinais como refluxo ácido, úlceras gástricas, diarreia e constipação.

As funções dos componentes do trato intestinal também podem ser influenciadas pela ação dos fármacos que nele atuam. Há medicamentos utilizados para reduzir a produção de ácido no estômago, ajudando no tratamento de problemas como refluxo ácido e úlceras gástricas. Outros, por sua vez, contribuem para aliviar a constipação ou a diarreia, regulando o movimento intestinal.

São exemplos de fármacos que atuam no trato gastrointestinal:

- **Inibidores da bomba de próton**: fármacos utilizados no tratamento da gastrite e úlcera péptica (exemplos: omeprazol e pantoprazol);
- **Antiácidos**: aliviam os sintomas de azia e queimação (exemplos: bicarbonato de sódio e hidróxido de alumínio);
- **Antidiarreicos**: indicados para casos de diarreia (exemplos: loperamida e racecadotrila);

- **Laxantes e purgantes**: recomendados para casos de constipação intestinal (exemplos: metilcelulose e óleo mineral);
- **Digestivos**: auxiliam o processo da digestão no trato gastrintestinal (exemplos: alcachofra, boldo);
- **Espasmolíticos ou antiespasmódicos**: reduzem a motilidade do trato gastrintestinal, aliviando os espasmos viscerais (exemplos: atropina e escopolamina).

Vitaminas

Vitaminas são compostos orgânicos necessários para o funcionamento adequado do organismo, pois exercem funções em vários processos metabólicos, como o crescimento, a reprodução e a manutenção da saúde.

Em geral, são obtidas por meio da dieta, mas também podem ser sintetizadas pelo organismo em pequenas quantidades. Ao todo, existem 13 vitaminas conhecidas, divididas em duas categorias: hidrossolúveis e lipossolúveis.

As vitaminas hidrossolúveis incluem as vitaminas do complexo B e a vitamina C. Por serem solúveis em água, são facilmente excretadas do corpo através da urina. Por conta disso, precisam ser ingeridas regularmente na dieta, para evitar a deficiência vitamínica. As vitaminas do complexo B são importantes para o metabolismo energético e a saúde do sistema nervoso, enquanto a vitamina C contribui para manter a imunidade e a saúde da pele.

Já as vitaminas lipossolúveis abrangem as vitaminas A, D, E e K. Por serem solúveis em gordura, armazenam-se no tecido adiposo do corpo. Como resultado, a ingestão excessiva dessas vitaminas pode levar à toxicidade. A vitamina A é importante para a visão e a saúde da pele, e a vitamina D, para a absorção de cálcio e a saúde óssea; por sua vez, a vitamina E é um antioxidante que ajuda a proteger as células do corpo, ao passo que a vitamina K atua na coagulação do sangue.

A Figura 4.2, a seguir, apresenta os tipos de vitaminas de acordo com a solubilidade.

Figura 4.2 - Vitaminas hidrossolúveis e lipossolúveis

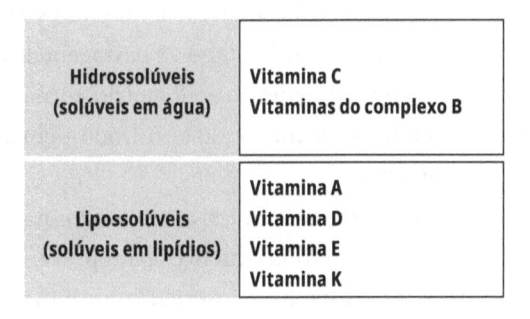

Hidrossolúveis (solúveis em água)	Vitamina C Vitaminas do complexo B
Lipossolúveis (solúveis em lipídios)	Vitamina A Vitamina D Vitamina E Vitamina K

Portanto, é necessário adotar uma dieta balanceada e variada para garantir a ingestão adequada dessas vitaminas.

Medicamentos anticoncepcionais

Medicamentos anticoncepcionais são compostos químicos que ajudam a prevenir a gravidez. Eles funcionam de diversas maneiras no organismo, mas, geralmente, impedem a ovulação ou tornam o ambiente do útero menos favorável para a implantação do óvulo fertilizado.

Alguns medicamentos anticoncepcionais disponíveis no mercado abrangem:

- **Pílulas anticoncepcionais combinadas**: Compostas por estrogênio e progesterona sintéticos, que inibem a ovulação.
- **Pílulas anticoncepcionais de progestina**: Contêm apenas progesterona sintética e também inibem a ovulação.
- **Dispositivos intrauterinos (DIUs)**: Pequenos dispositivos em forma de T colocados dentro do útero para evitar a gravidez; eles podem ser de cobre ou liberar hormônios; os DIUs de cobre funcionam principalmente como espermicidas, liberando íons de cobre no

útero – tóxicos para os espermatozoides –, impedindo que fertilizem o óvulo. Além disso, o cobre provoca uma reação inflamatória no endométrio, que também contribui para evitar a gravidez. Por outro lado, os DIUs hormonais liberam pequenas quantidades de progesterona (ou seus derivados) diretamente no útero. Esses hormônios espessam o muco cervical, dificultando a passagem dos espermatozoides, e afinam o revestimento do endométrio, tornando-o menos receptivo à implantação de um óvulo fertilizado – em alguns casos, suprimem a ovulação.

- **Adesivos anticoncepcionais**: Adesivos colocados na pele que liberam estrogênio e progesterona sintéticos para prevenir a ovulação.
- **Anéis vaginais**: Anéis flexíveis inseridos na vagina que liberam estrogênio e progesterona sintéticos para prevenir a ovulação.
- **Injeções anticoncepcionais**: Injeções de progesterona sintética que inibem a ovulação.

As taxas de eficácia são diferentes entre esses medicamentos. Por isso, cada pessoa precisa verificar com um médico qual é o método mais adequado e informar-lhe, caso necessário, quaisquer efeitos colaterais ou sintomas adversos que venham a surgir.

Fármacos utilizados em infecções (virais, fungos, parasitas e bacterianas)

Os fármacos utilizados na prevenção e no tratamento de infecções são compostos químicos que combatem a proliferação de agentes infecciosos como vírus, fungos, parasitas e bactérias no corpo e podem ser classificados de acordo com o tipo de agente infeccioso:

- **Antivirais**: Combatem vírus. Empregados no tratamento de infecções virais, como herpes, hepatites B e C, HIV/AIDS e influenza. Geralmente, atuam impedindo a replicação viral, ou seja, inibindo o vírus de se alastrar pelo corpo. Exemplos: aciclovir, oseltamivir e remdesivir.

- **Antifúngicos**: Combatem fungos. Empregados no tratamento de infecções fúngicas, como candidíase, micose e aspergilose. Geralmente, atuam impedindo o crescimento dos fungos ou destruindo-os diretamente. Exemplos: fluconazol, itraconazol e anfotericina B.
- **Antiparasitários**: Combatem parasitas. Empregados no tratamento de infecções parasitárias, como malária, doença de Chagas e tricomoníase. Geralmente, atuam impedindo a reprodução dos parasitas ou matando-os diretamente. Exemplos: cloroquina, metronidazol e ivermectina.
- **Antibacterianos**: Combatem bactérias. Empregados no tratamento de infecções bacterianas, como pneumonia, meningite e infecções urinárias. Geralmente, atuam impedindo o crescimento das bactérias ou matando-as diretamente. Exemplos: penicilina, cefalosporina, eritromicina e tetraciclina. Além disso, são divididos em bactericidas (matam as bactérias) e bacteriostáticos (inibem o crescimento das bactérias):
  - Bactericidas: causam a morte de bactérias (até 99,99%) por meio de mecanismos como a inibição irreversível da replicação do DNA;
  - Bacteriostáticos: inibem o crescimento das bactérias no meio, e diante da presença de organismos infecciosos, faz-se necessária a atuação do sistema imunológico para eliminá-los.

Todavia, o uso excessivo ou inadequado desses medicamentos pode levar à resistência antimicrobiana, isto é, os agentes infecciosos se tornam resistentes aos medicamentos e, com efeito, mais difíceis de eliminar.

4.3 Tarjas de medicamentos

De acordo com a Anvisa, a faixa colorida que consta nas embalagens de alguns medicamentos, também conhecida como *tarja*, indica o grau de risco que eles podem oferecer à saúde, bem como a forma de dispensação (Brasil, 2022).

Os medicamentos não tarjados não dependem de prescrição médica para serem vendidos e apresentam poucos efeitos colaterais ou contraindicações, desde que usados corretamente e sem abusos. Em geral, são utilizados no tratamento de sintomas ou males menores, como azia, má digestão, resfriado, dor de dente, de cabeça etc. Contudo, mesmo sem tarja, não devem ser administrados sem a devida cautela e indiscriminadamente. De acordo com a Resolução n. 586, de 29 de agosto de 2013, esses medicamentos podem ser prescritos por farmacêuticos (Brasil, 2013b).

Quanto aos fármacos tarjados, a classificação é representada pelas cores amarelo, vermelho e preto, conforme descrevemos a seguir (Brasil, 2013b):

- **Tarja amarela**: Essa tarja, que é acompanhada pela letra "G", indica se tratar de um medicamento genérico, em cuja embalagem consta o nome do princípio ativo, ou seja, o componente responsável pelo efeito do remédio.
- **Tarja vermelha**: Fármacos com a tarja vermelha devem ser vendidos mediante apresentação de receita, já que podem causar efeitos colaterais graves. Geralmente, trata-se de uma receita simples, mas, a depender do tipo do medicamento, ela pode ser retida pela farmácia.
- **Tarja preta**: Essa tarja indica que a venda e o uso na caixa dos medicamentos são controlados, uma vez que eles apresentam ação sedativa ou estimulante sobre a SNC. Devido aos riscos que oferecem à saúde, é fundamental administrá-los seguindo rigorosamente

a indicação do médico. Ademais, são considerados psicotrópicos, e o uso prolongado desses remédios pode levar à dependência.

Portanto, as tarjas servem para orientar os pacientes quanto à forma correta de utilizar os fármacos, além de ser importante para controlar a venda e a prescrição de substâncias de maior risco, como antibióticos e medicamentos controlados. Dessa forma, elas contribuem para a segurança do paciente e para conscientizar a população sobre o uso racional de medicamentos.

Para saber mais

BOHOMOL, E. Erros de medicação: estudo descritivo das classes dos medicamentos e medicamentos de alta vigilância. **Escola Anna Nery – Revista de Enfermagem**, v. 18, n. 2, p. 311-316, abr./jun. 2014. Disponível em: <https://www.scielo.br/j/ean/a/zWpyt7ZX89Mt34CV6cf3FDH/?format=pdf&lang=pt>. Acesso em: 11 jun. 2024.

Esse artigo analisa 305 ocorrências de erros de medicação em uma Unidade de Terapia Intensiva (UTI), destacando que antibióticos, redutores de acidez gástrica e anti-hipertensivos são as classes mais envolvidas. Ademais, a autora da pesquisa enfatiza a necessidade de vigilância rigorosa para minimizar riscos aos pacientes.

Síntese

Neste capítulo, vimos que os medicamentos são essenciais no tratamento de diversas doenças, no Brasil e no mundo. Nesse sentido, a classificação por tarjas é útil para orientar a população em relação ao uso correto e seguro desses fármacos. Também, destacamos que as várias medicações que existem atuam em diversos sistemas do organismo humano, razão pela qual se torna fundamental conhecer as diferentes classes terapêuticas e indicações, a fim de realizar a prescrição adequada e a dispensação responsável. Reforçamos ainda a necessidade de atentar às possíveis interações medicamentosas e aos efeitos adversos decorrentes disso. Portanto, reafirmamos que a atuação do farmacêutico é crucial para garantir a segurança e a eficácia do uso de medicamentos pelos pacientes.

Questões para revisão

1. Qual é o principal objetivo dos fármacos que atuam no sistema respiratório?
   a) Reduzir a inflamação dos brônquios.
   b) Relaxar os músculos das vias aéreas.
   c) Combater bactérias e vírus nas vias respiratórias.
   d) Aumentar a produção de muco nas vias aéreas.
   e) Nenhuma das alternativas anteriores está correta.

2. Qual é o medicamento mais comum para tratar a azia e o refluxo gastroesofágico?
   a) Paracetamol.
   b) Ibuprofeno.
   c) Omeprazol.
   d) Amoxicilina.
   e) Salbutamol.

3. Qual é o medicamento mais utilizado para tratar a hipertensão arterial?
   a) Aspirina.
   b) Enalapril.
   c) Paracetamol.
   d) Ranitidina.
   e) Dipirona.

4. Qual é a principal vitamina presente em alimentos como cenoura, batata-doce e manga? Descreva a importância dessa vitamina para a saúde humana.

5. Qual é o principal objetivo dos antibacterianos? Como eles funcionam no tratamento de infecções bacterianas?

Questão para reflexão

1. Acerca do sistema de classificação de medicamentos por tarjas no Brasil, reflita sobre a importância das tarjas para a segurança dos pacientes, considerando de que modo o farmacêutico pode contribuir para o uso racional de tais medicamentos.

Capítulo 5
Farmacocinética e farmacodinâmica: a ciência por trás da administração e das formas farmacêuticas

Conteúdos do capítulo:

- Farmacocinética e farmacodinâmica.
- Vias de administração de fármacos que atingem a circulação sistêmica e que não alcançam a circulação sistêmica.
- Formas farmacêuticas sólidas, semissólidas e líquidas.

Após o estudo deste capítulo, você será capaz de:

1. diferenciar farmacocinética e farmacodinâmica;
2. compreender como a via de administração influencia na farmacocinética e na farmacodinâmica;
3. reconhecer e distinguir as diferentes formas farmacêuticas e aplicá-las na terapêutica.

5.1 Farmacocinética e farmacodinâmica

Estudar a ação dos medicamentos no organismo é essencial para uma prática farmacêutica segura e eficaz. Nesse sentido, a compreensão da farmacocinética e da farmacodinâmica se torna fundamental para entender de que modo os fármacos são absorvidos, distribuídos, metabolizados e eliminados pelo corpo, bem como o efeito que exercem nos sistemas biológicos. Ademais, também é necessário conhecer as vias de administração e as diversas formas farmacêuticas que existem, uma vez que ambas influenciam na absorção e na distribuição dos fármacos no organismo, além de afetarem a adesão ao tratamento pelos pacientes.

A farmacocinética e a farmacodinâmica são duas áreas de estudo da farmacologia. De maneira geral e um tanto simplificada, a farmacocinética se ocupa do movimento do fármaco no organismo humano, e a farmacodinâmica, do modo pelo qual o medicamento estabelece ligações com os receptores biológicos e promove o efeito terapêutico (Rang et al., 2015).

Portanto, a farmacocinética é a área que estuda os processos de absorção, distribuição, biotransformação e excreção dos fármacos, além de realizar, ao longo destes, pesquisas quantitativas a respeito do fármaco em análise (Rang et al., 2015). Em tais estudos, é possível determinar os teores dos medicamentos e seus metabólitos (produtos da biotransformação) no organismo e, com efeito, obter informações relativas ao desenvolvimento das medicações, tais como:

- condições para seu uso adequado (via de administração e posologia, por exemplo);
- previsão de outros efeitos em potencial (como efeitos colaterais);
- interações medicamentosas;
- principais sítios de biotransformação (fígado ou rins, por exemplo);
- as vias de excreção (como urina, fezes, suor e leite materno).

Para compensar essas alterações e inibir o potencial de ocorrerem problemas referentes à ineficácia terapêutica ou à toxicidade, é possível fazer ajustes na dose terapêutica ou na frequência de administração. Em uma perspectiva bastante ampla, podemos afirmar que o devido entendimento da farmacocinética contribui sumariamente para a segurança e a eficácia da terapêutica medicamentosa.

Por seu turno, a farmacodinâmica é responsável por estudar os efeitos das drogas ou dos fármacos no organismo, considerando seus mecanismos de ação, isto é, suas conexões com o receptor biológico, bem como a relação entre a dose do fármaco e o efeito terapêutico esperado.

Para entender como os medicamentos funcionam no organismo, é fundamental conhecer as etapas de seu percurso, desde a administração até a eliminação. Na Figura 5.1, adiante, tais etapas estão ilustradas, a saber: absorção, distribuição, biotransformação, ligação no sítio de ação e eliminação. Cada uma dessas fases desempenha um papel crucial na determinação da eficácia e da segurança dos medicamentos. A absorção se refere à entrada do fármaco na corrente sanguínea; a distribuição, ao transporte para os tecidos; a biotransformação, à metabolização; a ligação ao sítio de ação, ao efeito terapêutico; e a eliminação, à remoção do fármaco do corpo.

Figura 5.1 – Etapas do fármaco no organismo segundo a farmacocinética e a farmacodinâmica

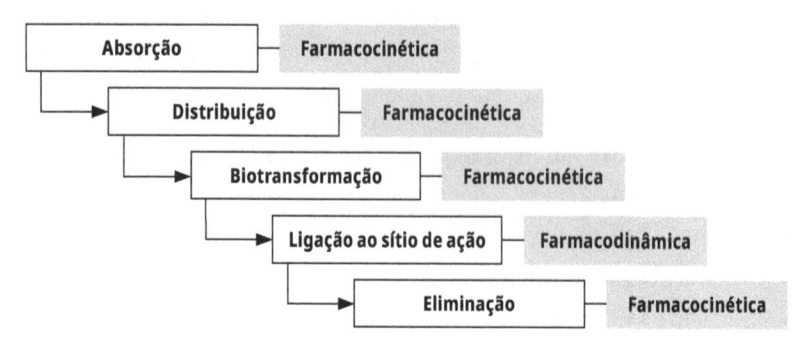

Absorção	Farmacocinética
Distribuição	Farmacocinética
Biotransformação	Farmacocinética
Ligação ao sítio de ação	Farmacodinâmica
Eliminação	Farmacocinética

As duas áreas são fundamentais para se entender a ação dos medicamentos no organismo e garantir que eles sejam administrados de maneira segura e eficaz. A farmacocinética, por exemplo, pode colaborar para determinar a dose adequada de um medicamento para um paciente, levando em conta fatores como idade, peso, função renal e outros que influenciam na absorção e na eliminação do fármaco. A farmacodinâmica, por sua vez, pode ajudar a compreender por que algumas pessoas respondem melhor a determinadas medicações do que outras, o que assegura maior precisão em relação à personalização das terapias.

Portanto, a farmacocinética e a farmacodinâmica são essenciais e complementares, sendo importantes para atestar a segurança e a eficácia dos mais variados fármacos empregados no tratamento de diversas doenças.

5.2 Vias de administração de fármacos

A via de administração se refere ao caminho pelo qual o fármaco é introduzido no organismo do paciente, a qual pode ser oral, sublingual, retal, parenteral (intravenosa, intramuscular, subcutânea, intradérmica), tópica (dérmica, nasal, ocular, otológica, vaginal) ou inalatória. Cada uma delas apresenta particularidades que influenciam os processos de absorção, distribuição, metabolização e eliminação do medicamento e, com efeito, podem interferir na eficácia e na segurança do tratamento (Gimenes, 2021). Nesse sentido, a opção por uma ou outra via deve considerar o objetivo terapêutico, a natureza do medicamento e as condições clínicas do paciente. Assim, a forma farmacêutica deve ser adequada para cada via de administração.

A esse respeito, apresentamos, no Quadro 5.1, as principais vias de administração.

Quadro 5.1 - Vias de administração de fármacos

Via de administração		Breve explicação
Enteral	Oral	São as vias de administração de fármacos pelas quais ocorre a absorção pelo intestino.
	Sublingual	
	Retal	
Parenteral	Intradérmica	São as vias em que não ocorre efeito de 1º passagem pelo fígado, e o fármaco é distribuído pelo organismo muitas vezes de forma rápida.
	Subcutânea	
	Intramuscular	
	Intravenosa	
Tópica	Pele e mucosas	São vias de efeito local, ou seja, efeito tópico.
	Ocular	
	Otológica	
	Vaginal	
	Nasal	
Via respiratória, pulmonar ou inalatória		O medicamento é aspirado pela boca ou pelas fossas nasais e carreado até os brônquios.

Em relação às vias de administração, vale ressaltar que as vias enterais envolvem os processos de biotransformação (efeito de 1ª passagem pelo fígado), nos quais a concentração do fármaco, antes de atingir a circulação sistêmica, é reduzida pelo fígado; já as vias parenterais chegam à circulação sistêmica sem o efeito de 1ª passagem. Logo, a dosagem de um mesmo fármaco, visando à mesma finalidade, não será igual para as vias enteral e parenteral.

A via de administração pode impactar significativamente tanto a farmacocinética quanto a farmacodinâmica da medicação, além de alterar a velocidade de absorção do medicamento e a quantidade que de fato atinge o local de ação. Por exemplo, uma droga administrada por via oral pode ter uma absorção mais lenta e menos previsível em comparação com um medicamento injetado diretamente na corrente sanguínea. Ademais, algumas vias podem causar irritação ou danificar o tecido no local de administração, prejudicando a farmacodinâmica do medicamento. Desse modo, para promover a segurança e garantir a eficácia das medicações, é fundamental que o farmacêutico tenha ciência de todos esses aspectos.

5.3 Formas farmacêuticas

As formas farmacêuticas correspondem às formas nas quais os medicamentos são comercializados, considerando sua utilização, a exemplo de comprimidos, cápsulas, soluções, suspensões, injetáveis, entre outras. É possível adaptar essas formas de acordo com a via de administração do fármaco e suas propriedades físico-químicas. É essencial escolher a forma adequada de cada medicamento, a fim de assegurar a eficácia e a comodidade de uso pelo paciente.

A intenção vinculada ao desenvolvimento das formas farmacêuticas é facilitar a administração de medicamentos a pacientes de diferentes faixas etárias ou que apresentam condições especiais de saúde, garantindo a total absorção do fármaco e, consequentemente, a integralidade de seu efeito terapêutico. Como exemplo, podemos citar a administração, em uma criança, de uma medicação em gotas misturadas com um pouco de água; nesse contexto, certamente se trata de uma forma muito mais indicada em comparação com outras, como um comprimido.

Além de facilitar a administração, a forma farmacêutica também se relaciona à via de administração, ou seja, ao modo pelo qual o fármaco entrará em contato com o organismo do paciente (oral, retal, intravenosa, tópica, vaginal etc.).

Cada via de administração é recomendada para uma situação específica e tem suas vantagens e desvantagens. Uma injeção, por exemplo, embora seja incômoda e, muitas vezes, dolorosa, pode ser a via mais recomendada em determinado contexto porque o princípio ativo contido nessa forma farmacêutica pode se degradar em contato com o ácido do estômago, ou, ainda, porque o efeito esperado é mais rapidamente sentido no organismo pela via sistêmica do que pela via oral.

Agora, acompanhe, no Quadro 5.2, a seguir, as vias de administração e as principais formas farmacêuticas que existem.

Quadro 5.2 – Vias de administração e sua relação com as formas farmacêuticas

Via de administração	Formas farmacêuticas
Oral	Comprimidos, cápsulas, pastilhas, drágeas, pós para reconstituição, gotas, xaropes, soluções orais e suspensões.
Sublingual	Comprimidos sublinguais.
Parenteral (injetável)	Soluções e suspensões injetáveis.
Cutânea ou tópica	Soluções tópicas, pomadas, cremes, loções, géis e adesivos.
Nasal	*Sprays* e gotas nasais.
Oftálmica	Colírios e pomadas oftálmicas.
Auricular	Gotas auriculares ou otológicas e pomadas auriculares.
Pulmonar	Aerossóis.
Vaginal	Comprimidos vaginais, cremes, pomadas e óvulos.
Retal	Supositórios.

5.3.1 Formas farmacêuticas sólidas[1]

As formas farmacêuticas sólidas possuem consistência rígida e firme, semissólida ou pastosa, e se destinam à administração oral. São comercializadas como comprimidos, cápsulas, drágeas, pós, granulados etc. A escolha de uma farmacêutica sólida dependerá das características do medicamento, do paciente e da finalidade terapêutica. Tratam-se de opções vantajosas em termos de transporte, armazenamento e

---

1   Os conteúdos apresentados nas Seções 5.3.1, 5.3.2, 5.3.3 e 5.3.4 foram elaborados com base em Brasil (2011).

dispensação, além de proporcionarem precisão na dosagem e de protegerem o princípio ativo contra fatores ambientais.

Cápsulas

A cápsula é uma forma farmacêutica composta de uma gelatina e pode ser mole (armazenando líquidos, semissólidos e sólidos) ou dura (armazenando sólidos). Existem formulações específicas que possibilitam abrir a cápsula e administrá-la na forma de pó, o que só pode ocorrer sob indicação médica ou orientação do farmacêutico, bem como de acordo com as informações que constam na bula do medicamento. De todo modo, em geral, não é permitido abrir, quebrar ou triturar as cápsulas, já que os fármacos podem perder qualidade e, com efeito, ter seu efeito alterado. Além disso, é possível utilizá-las como forma farmacêutica com o objetivo de mascarar sabores desagradáveis dos princípios ativos de determinada formulação.

Comprimidos

Os comprimidos são obtidos pela compressão de uma ou mais substâncias químicas na forma de pó ou grânulo juntamente com o excipiente que compõe a formulação. Acompanhe, a seguir, como eles são classificados:

- **Comprimidos de revestimento entérico**: São revestidos por um produto que garante a passagem integral pelo estômago até chegar ao intestino, onde se dissolvem e são absorvidos para posterior ação. O revestimento é necessário quando o fármaco é degradado na acidez estomacal e, consequentemente, inativado, além de poder ser utilizado em medicamentos que agridem a parede do estômago.
- **Comprimidos sublinguais**: São desenvolvidos para, obrigatoriamente, serem colocados embaixo da língua e se dissolvem com o auxílio da saliva, sendo absorvidos por meio da mucosa sob

a língua do paciente. Empregados em medicamentos que, em contato com o líquido ácido do estômago, tornam-se inativos e perdem sua ação terapêutica ou em fármacos de baixa absorção pelo intestino.

- **Comprimidos efervescentes**: São preparados com sais carbonados (bicarbonato de sódio e carbonato de sódio) que liberam uma efervescência (gás carbônico) quando em contato com a água, além de conterem uma ou mais substâncias químicas associadas. Tal mecanismo de dissolução facilita a desintegração do comprimido, que se dissolve para ser absorvido.

- **Comprimidos mastigáveis**: Para exercerem ação terapêutica, são preparados com o objetivo de se desintegrarem facilmente com a mastigação; em seguida, são engolidos e, somente depois, dissolvidos e absorvidos.

- **Comprimidos de ação lenta/prolongada**: O revestimento desses comprimidos controla a liberação da substância química e permite que sejam dissolvidos lentamente e iniciem sua ação de forma prolongada/duradoura. Por esse motivo, é imprescindível que sejam ingeridos por inteiro, ou seja, nunca fracionados.

Drágeas e comprimidos revestidos

Drágeas e comprimidos revestidos são formas farmacêuticas sólidas que apresentam um revestimento externo que protege o fármaco. As drágeas são comprimidos cobertos por uma camada de açúcar que, além de proteger o medicamento, facilita a ingestão. Por sua vez, os comprimidos revestidos são recobertos por uma película, geralmente feita de polímeros, que pode ter diversas funções, como proteger o medicamento da umidade, melhorar o sabor ou controlar a liberação do fármaco no organismo. As duas formas são amplamente utilizadas, devido à sua praticidade e estabilidade.

Granulados

Granulados são pós-liofilizados ou grânulos que podem ser solúveis ou insolúveis, resultando em suspensões. Consistem em agregados sólidos e secos de volumes uniformes de partículas de pó resistentes ao manuseio. Essas formas farmacêuticas são indicadas para substâncias não estáveis na presença de água, ou seja, que podem perder a qualidade por degradação após pouco tempo de contato com ela. Para preparar a solução ou suspensão, deve-se adicionar esses grânulos que contêm as substâncias em água filtrada ou fervida somente no momento da administração.

5.3.2 Formas farmacêuticas semissólidas

As formas farmacêuticas semissólidas têm uma consistência intermediária entre sólido e líquido, tais como cremes, pomadas, géis e pastas. Aplicadas topicamente na pele ou nas mucosas, são empregadas no tratamento de doenças de pele, queimaduras, picadas de insetos etc. As formas semissólidas são compostas por um veículo, que pode ser uma mistura de água e óleo, associado a um princípio ativo, que confere a ação terapêutica. São de fácil aplicação e podem ser usadas em diferentes partes do corpo.

Pomadas

Pomadas são formas farmacêuticas tópicas aplicadas sobre a pele ou em mucosas com o objetivo de tratar ou prevenir diversas condições. São compostas por um excipiente, que serve de base para o medicamento, e por um ou mais princípios ativos, responsáveis pelos efeitos terapêuticos.

Além disso, as consistências das pomadas são diferentes, pois variam de acordo com a quantidade e o tipo de excipientes utilizados. Algumas são mais líquidas, enquanto outras são mais espessas e de textura mais cremosa. Geralmente, são aplicadas com uma leve fricção ou massagem, de forma a permitir a absorção dos princípios ativos e sua atuação no local de aplicação.

As pomadas são frequentemente empregadas no tratamento de condições dermatológicas, como eczema, psoríase e irritações cutâneas, mas também podem ser utilizadas para tratar feridas, queimaduras e outras lesões cutâneas, além de servirem como veículos para a administração de medicamentos tópicos em geral.

Pastas

A pasta é uma forma farmacêutica tópica aplicada na pele ou nas mucosas com o objetivo de tratar ou prevenir diversas condições. É composta por um excipiente, a substância que serve de base para o medicamento, e por um ou mais princípios ativos, responsáveis pelos efeitos terapêuticos.

Sua consistência é intermediária entre a pomada e a gel, sendo, geralmente, mais espessa e mais firme que uma pomada, mas menos viscosa que um gel. É aplicada principalmente sobre a pele e nas mucosas, compondo uma camada fina e uniforme, normalmente por meio de uma leve fricção ou massagem, para permitir a absorção dos princípios ativos e sua atuação no local de aplicação.

As pastas costumam ser usadas no tratamento de condições dermatológicas, como feridas, queimaduras e outras lesões cutâneas, além de servirem como veículos para a administração de medicamentos tópicos em geral.

Cremes

O creme é uma forma farmacêutica tópica aplicada na pele ou em mucosas com o objetivo de tratar ou prevenir diversas condições. É composto por um excipiente, que serve como base para o medicamento, e por um ou mais princípios ativos, responsáveis por seus efeitos terapêuticos.

Sua consistência é mais leve e fluida que a de uma pomada ou pasta e, em geral, apresenta uma textura suave e cremosa. Ele é aplicado sobre a pele ou nas mucosas formando uma camada fina e uniforme, por meio de uma leve fricção ou massagem, o que permite a absorção dos princípios ativos e sua atuação no local de aplicação.

Em geral, os cremes são empregados no tratamento de condições dermatológicas, como eczema, psoríase e outras doenças inflamatórias da pele. No entanto, alguns podem conter ingredientes adicionais, como emolientes e hidratantes, que ajudam a manter a pele hidratada e protegida. Por fim, podem ser encontrados em diferentes formatos, como bisnagas, potes e frascos com aplicador.

Géis

O gel é uma forma farmacêutica tópica utilizada para tratar ou prevenir condições na pele ou nas mucosas. Composto por um excipiente e um ou mais princípios ativos, apresenta consistência semissólida e viscosa, similar à de uma geleia. Ao contrário de pomadas ou cremes, é mais fluido e menos gorduroso. Aplicado em camadas finas e uniformes, por meio de leve fricção ou massagem, permite a absorção dos princípios ativos e sua atuação no local de aplicação.

Normalmente, os géis são usados no tratamento de condições dermatológicas, como acne, rosácea e outras doenças inflamatórias da pele, mas também são empregados para tratar feridas, queimaduras e outras lesões cutâneas, além de servirem como veículos para a administração de medicamentos tópicos em geral.

Algumas das vantagens dos géis são a rápida absorção e a possibilidade de serem aplicados em áreas com pelos ou cabelos sem deixar resíduos ou manchas. Podem ser encontrados em diferentes formatos, como bisnagas, potes e frascos com aplicador.

Supositórios ou óvulos

Supositórios e óvulos são exemplos de formas farmacêuticas sólidas para uso em mucosas, como a vaginal e a retal. Os supositórios são moldados em formato de cone ou torpedo, têm consistência firme e se dissolvem com a temperatura do corpo. Já os óvulos, também conhecidos como *comprimidos vaginais*, possuem formato cônico e são destinados à administração pela via vaginal, com o objetivo de proporcionar ação local ou sistêmica. Ambas são úteis em situações nas quais a via oral não é uma opção viável ou quando se busca uma ação localizada.

5.3.3 Formas farmacêuticas líquidas

As formas farmacêuticas *líquidas*, como sugere a denominação, apresentam-se na forma líquida, a exemplo de xaropes, soluções, suspensões e emulsões. São utilizadas principalmente quando se faz necessário administrar uma dose precisa de determinado medicamento ou quando a absorção deste precisa ser rápida e completa. Além disso, as formas líquidas também são comumente recomendadas para pacientes que têm dificuldade de engolir comprimidos ou cápsulas e podem ser administradas por via oral, injetável ou tópica.

Soluções

Soluções são formulações líquidas homogêneas que contêm um ou mais princípios ativos dissolvidos em um solvente adequado, juntamente com outros excipientes, como estabilizantes, conservantes, entre outros. Podem ser administradas por via oral, parenteral (injetável) ou tópica, a depender da finalidade terapêutica do medicamento. São formas farmacêuticas muito utilizadas em medicamentos para administração oral, pois, geralmente, sua absorção é mais rápida e eficiente em comparação com formas como comprimidos e cápsulas, por exemplo.

Extratos fluidos

Um extrato fluido é uma preparação líquida obtida por meio de extração através de um líquido apropriado; nesse processo, em geral, uma parte do extrato (seja em massa ou volume) corresponde a uma parte (em massa) da droga vegetal seca usada em sua preparação. Caso seja necessário, pode ocorrer a adição de conservantes nessas soluções. Os extratos devem atender a especificações de teor de marcadores e resíduos secos. No caso de extratos padronizados, a proporção entre a droga vegetal e a extrato pode ser ajustada, a fim de atingir o teor especificado de constituintes ativos.

Xaropes

Xaropes são formas farmacêuticas líquidas de alta viscosidade que contêm um ou mais ingredientes ativos dissolvidos em uma solução açucarada. Comumente, são usados como forma de administração de medicamentos em crianças e pessoas com dificuldade de engolir comprimidos ou cápsulas. O açúcar presente no xarope serve tanto para mascarar o sabor amargo ou desagradável de alguns medicamentos quanto para aumentar a viscosidade. Além disso, alguns xaropes podem apresentar outros ingredientes em sua composição, tais como conservantes, corantes e aromatizantes.

Suspensões

Suspensão é uma forma farmacêutica líquida em que partículas sólidas, geralmente insolúveis, são dispersas em um líquido. Em geral, é utilizada em situações nas quais medicamento não pode ser adequadamente dissolvido em um líquido ou, ainda, quando ele precisa permanecer em suspensão para uma administração eficaz. As suspensões podem ocorrer por via oral ou parenteral, a depender do medicamento e do objetivo terapêutico. Além disso, podem ser agitadas antes de administradas, para garantir que as partículas se distribuam uniformemente pelo líquido.

Tinturas

Tinturas são formas farmacêuticas líquidas que contêm extratos de plantas em solução alcoólica. A tintura é preparada por meio da maceração ou percolação da planta em álcool, geralmente com concentração entre 40% e 90%. Em seguida, a solução resultante é filtrada e pode ser usada para administração oral ou tópica, sendo normalmente diluída em água ou em outro líquido antes do uso. As tinturas são frequentemente empregadas como forma de administração de fitoterápicos.

Emulsões

A emulsão é uma forma farmacêutica líquida na qual um líquido é disperso em outro, geralmente com a adição de um agente emulsificante para manter a estabilidade da mistura. É comumente utilizada para a administração tópica de medicamentos, por exemplo, para ser aplicada na pele ou para a administração oral de medicamentos lipossolúveis. Pode apresentar uma textura cremosa e uniforme e, além disso, ser facilmente absorvida pelo organismo, aumentando a eficácia do medicamento.

Elixires

Elixires são formas farmacêuticas líquidas que apresentam álcool e outros solventes em sua composição. Podem conter ingredientes ativos, como medicamentos, vitaminas ou suplementos, e frequentemente são utilizados para aliviar sintomas como dor de garganta, tosse e congestão nasal. Além disso, é possível empregá-los para melhorar o sabor de medicamentos amargos ou desagradáveis. Em geral, são administrados por via oral, mas podem ser aplicados topicamente em algumas situações.

5.3.4 Formas farmacêuticas gasosas

As formas farmacêuticas gasosas se apresentam na forma de gases ou vapores e geralmente são administradas por inalação, a exemplo de aerossóis, gases medicinais e anestésicos inalatórios. São principalmente utilizadas no tratamento de problemas respiratórios, como asma, bronquite e pneumonia.

Gases medicinais são substâncias gasosas empregadas para fins terapêuticos, diagnósticos ou anestésicos e são encontrados em diversos estabelecimentos de saúde, como hospitais, clínicas e consultórios médicos. Possuem propriedades farmacológicas específicas e são produzidos e distribuídos de acordo com rigorosas normas de qualidade e segurança. Alguns exemplos de gases medicinais incluem oxigênio, nitrogênio, dióxido de carbono, hélio, óxido nitroso e ar comprimido.

5.4 Vantagens e desvantagens das diferentes formas farmacêuticas

Como vimos, as formas farmacêuticas podem ser classificadas em sólidas, líquidas e semissólidas. Cada uma delas apresenta vantagens e desvantagens que devem ser levadas em conta na escolha da forma mais adequada de administração do medicamento, considerando cada paciente e situação clínica.

Formas farmacêuticas sólidas, como comprimidos, cápsulas e drágeas, são de fácil armazenamento e transporte, além de serem mais estáveis e indicadas para pacientes com dificuldades para engolir líquidos.

No entanto, podem apresentar problemas de dissolução e absorção em alguns pacientes. Outra desvantagem associada a tais formas diz respeito à dificuldade de ajustar a dosagem para pacientes que precisam de doses menores ou fragmentadas.

Por sua vez, formas farmacêuticas líquidas, como soluções, xaropes e suspensões, são facilmente administráveis, o que permite um ajuste fino de dosagem, sendo ideais para pacientes com problemas para engolir comprimidos ou cápsulas. Porém, requerem armazenamento adequado e são menos estáveis do que as formas farmacêuticas sólidas. Seu sabor pode ser desagradável e, além disso, pode haver dificuldade de manter a uniformidade das doses.

Já as formas farmacêuticas semissólidas, como cremes, pomadas e géis, são ideais para aplicação tópica e permitem uma absorção mais lenta e gradual do medicamento. Apresentam vantagens em relação à administração de fármacos que precisam ser empregados em áreas específicas do corpo. No entanto, a efetividade dessas formas farmacêuticas pode ser limitada pela absorção inadequada, levando à necessidade de repetir a aplicação várias vezes por dia.

Por fim, as formas farmacêuticas gasosas são compostas por gases, como o dióxido de carbono ou o óxido nitroso, e administradas principalmente por inalação. Algumas de suas vantagens incluem a rápida absorção, a precisão da dosagem e a administração não invasiva. Entre as desvantagens, podemos citar a dificuldade de serem utilizadas, seus efeitos colaterais e as restrições de armazenamento.

Como podemos perceber, cada forma farmacêutica tem vantagens e desvantagens que devem ser avaliadas caso a caso, levando em consideração a condição clínica e a preferência do paciente, bem como as características do medicamento. A escolha da forma farmacêutica ideal para cada paciente pode otimizar a eficácia do tratamento e minimizar o risco de efeitos adversos.

Para saber mais

MELO, A. V. da S.; FONTES, D. A. F. Tecnologias aplicadas para prolongar a liberação de fármacos: uma revisão integrativa. **Diversitas Journal**, v. 8, n. 2, p. 874-885, abr./jun. 2023. Disponível em: <https://diversitas.emnuvens.com.br/diversitas_journal/article/view/2429/2053>. Acesso em: 11 jun. 2024.

Esse artigo aborda as vantagens dos sistemas de liberação prolongada, tais como a maior disponibilidade do fármaco no sangue e a redução de efeitos colaterais, especialmente para medicamentos com meia-vida biológica curta. A revisão integrativa abrange estudos de várias bases de dados, a exemplo de BVS, Google Acadêmico, SciELO e PubMed, dos últimos dez anos, destacando a eficácia de tecnologias como matrizes poliméricas, microencapsulação e sistemas osmóticos em relação à melhora da adesão ao tratamento e da eficácia terapêutica.

Síntese

Neste capítulo, vimos que, para garantir a eficácia e a segurança dos pacientes por meio do tratamento medicamentoso, é fundamental conhecer e compreender as vias de administração dos fármacos, as formas farmacêuticas sólidas e líquidas, bem como os conceitos da farmacocinética e da farmacodinâmica. Nesse sentido, explicamos que as diversas formas farmacêuticas disponíveis no mercado podem ser selecionadas de acordo com a via de administração mais adequada para cada paciente, considerando sua condição clínica. Além disso, vimos que a farmacocinética e a farmacodinâmica permitem entender como o medicamento é absorvido, distribuído, metabolizado e eliminado pelo organismo, assim como os efeitos terapêuticos e adversos que estes geram. Portanto, escolher a via de administração e a forma farmacêutica adequadas e compreender as aplicações da farmacocinética e da farmacodinâmica são fundamentais para maximizar a eficácia terapêutica e minimizar os riscos e efeitos adversos associados à administração de medicamentos.

Questões para revisão

1. Qual é a via de administração de um medicamento que é injetado diretamente no músculo?
   a) Via oral.
   b) Via intravenosa.
   c) Via intramuscular.
   d) Via subcutânea.
   e) Via retal.

2. Qual das opções a seguir uma forma farmacêutica sólida?
   a) Suspensão.
   b) Emulsão.
   c) Solução.
   d) Cápsula.
   e) Supositório.

3. Qual das seguintes opções é uma forma farmacêutica semissólida?
   a) Solução.
   b) Suspensão.
   c) Emulsão.
   d) Pomada.
   e) Drágea.

4. Descreva em que consiste a farmacocinética e quais são os principais processos envolvidos nesse estudo.

5. Explique o que é farmacodinâmica e quais são os aspectos estudados por essa área da farmacologia.

Questão para reflexão

1. Reflita sobre a importância das diversas formas farmacêuticas na prática diária do profissional de farmácia e considere qual é o papel do farmacêutico na escolha e na orientação de tais formas para os pacientes.

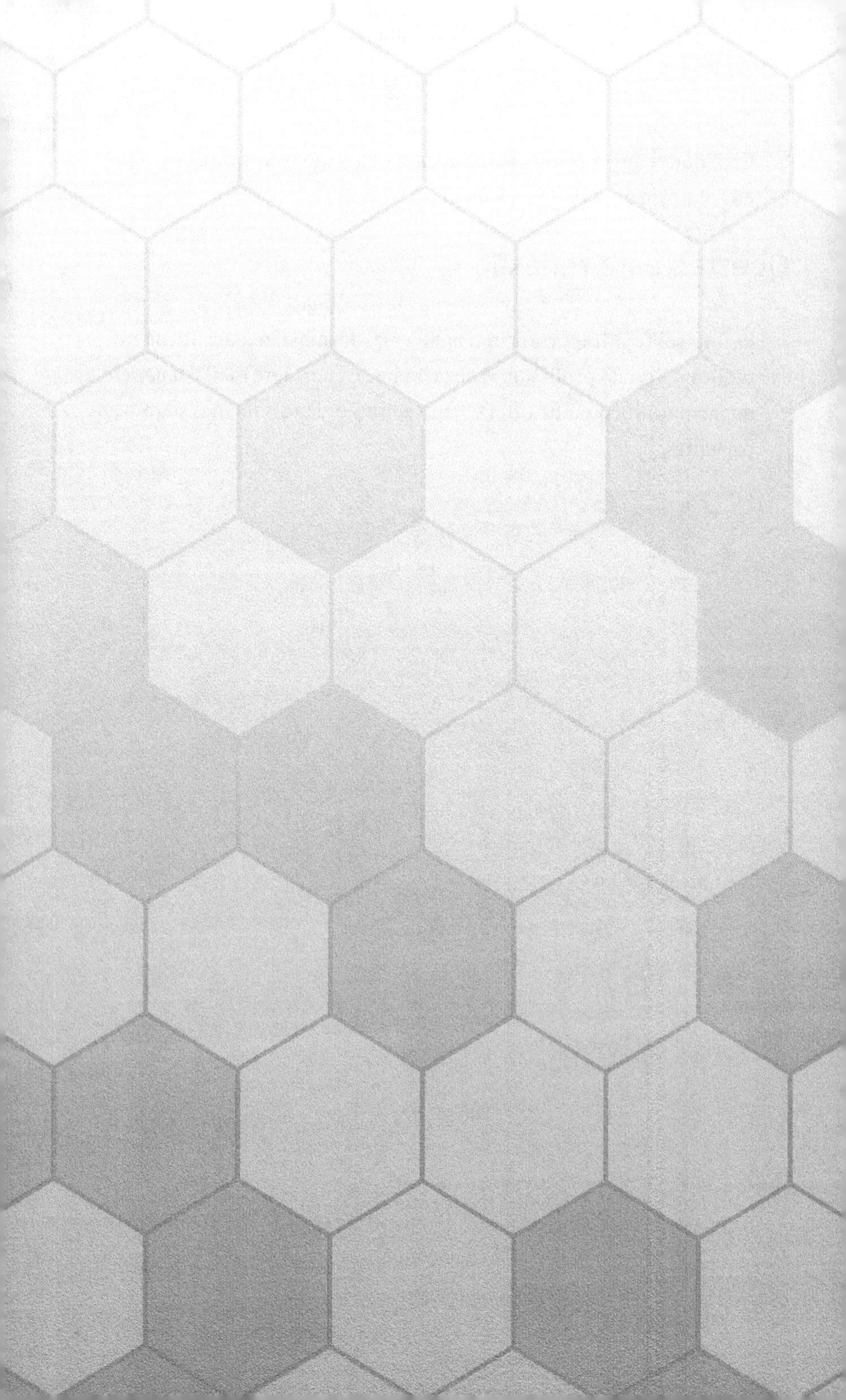

Capítulo 6
Generalidades farmacêuticas: regulamentação e curiosidades

Conteúdos do capítulo:

- Conselhos federal e regional de farmácia.
- O papel da Agência Nacional de Vigilância Sanitária (Anvisa) e do Ministério da Saúde.
- Principais aspectos do Código de Ética Farmacêutica.
- Curiosidades do âmbito farmacêutico.

Após o estudo deste capítulo, você será capaz de:

1. reconhecer a importância dos conselhos de classe;
2. compreender a relevância do código de ética farmacêutico;
3. identificar os principais feitos de farmacêuticos conhecidos;
4. distinguir os símbolos farmacêuticos.

6.1 Principais órgãos que regulamentam o ensino e a profissão farmacêutica

Neste capítulo, abordaremos os principais aspectos da profissão farmacêutica, desde sua regulamentação pelo Ministério da Educação (MEC) e pelos Conselhos Federal e Regionais de Farmácia até a importância do papel da Agência Nacional de Vigilância Sanitária (Anvisa) e do Ministério da Saúde na regulação e no controle de medicamentos e produtos farmacêuticos. Ademais, trataremos dos principais pontos do Código de Ética Farmacêutica, que estabelece diretrizes éticas e profissionais para a prática farmacêutica, e apresentaremos algumas curiosidades interessantes sobre a história e a evolução da farmácia.

Criado em 1930, logo após a Revolução de 1930, com a chegada de Getúlio Vargas ao poder, o MEC é um órgão do governo federal brasileiro responsável por formular e coordenar a execução de políticas e programas educacionais, desenvolvendo ações para expandir e aprimorar a educação no Brasil.

A política nacional de educação proposta pelo MEC inclui o ensino superior, a educação básica, a alfabetização, a educação infantil, a educação a distância, a educação profissional e tecnológica, a formação de professores, entre outras áreas. Além disso, o órgão também é responsável pela regulamentação e pela fiscalização das instituições de ensino em todo o país.

Por intermédio de seu Conselho de Educação, o MEC também institui as Diretrizes Curriculares Nacionais (DCN), sendo que cada curso apresenta uma DCN específica para cada área de atuação. A DCN em vigor relativa ao curso de Farmácia é a Resolução n. 6, de 19 de outubro de 2017 (Brasil, 2017), cujo objetivo é definir os princípios, os fundamentos, as condições e os procedimentos da formação de farmacêuticos, os quais são aplicados na organização, no desenvolvimento e na avaliação dos projetos pedagógicos dos cursos de graduação em Farmácia ofertados pelas instituições de ensino superior do país.

O Conselho Federal de Farmácia (CFF) começou a ser planejado em 1936, por meio de reivindicações em convenções e congressos por todo o Brasil. Com o apoio de líderes do governo, em 11 de novembro de 1960, mediante a publicação da Lei n. 3.820, foram criados o CFF e os Conselhos Regionais de Farmácia (CRFs), sendo estes dotados de personalidade jurídica, de direito público, com autonomia administrativa e financeira (CFF, 2011). Nesse sentido, os conselhos profissionais "são destinados a zelar pelos princípios da ética e da disciplina da classe dos que exercem qualquer atividade farmacêutica no Brasil" (CFF, 2023).

A missão do sistema CFF/CRF é valorizar "o profissional farmacêutico, visando à defesa da sociedade", com o objetivo de "promover a Assistência Farmacêutica em benefício da sociedade e em consonância com os direitos do cidadão" (CFF, 2023).

Algumas das atribuições do CFF são as seguintes (Brasil, 1960):

- expedir resoluções, definindo ou modificando atribuições ou competências dos profissionais de farmácia;
- propor as modificações que se tornarem necessárias à regulamentação do exercício profissional;
- ampliar o limite de competência do exercício profissional;
- colaborar na disciplina das matérias de ciência e técnica farmacêutica ou que de qualquer forma digam respeito à atividade profissional;
- organizar o Código de Deontologia Farmacêutica;
- deliberar sobre questões oriundas do exercício de atividades afins às do farmacêutico;
- zelar pela saúde pública, promovendo a assistência farmacêutica.

Os Conselhos de Classe são entidades autônomas que regulamentam o exercício profissional em diversas áreas, como medicina, enfermagem, farmácia, entre outras. Suas principais atribuições incluem (CFF, 2023; Brasil, 1960):

- registro e fiscalização do exercício profissional;
- elaboração de normas e diretrizes para a área de atuação;
- julgamento ético-profissional;
- defesa da sociedade em relação aos serviços prestados pelos profissionais;
- aplicação de sanções em casos de infrações cometidas pelos profissionais.

Os Conselhos de Classe, como o CFF e os CRFs, são autarquias responsáveis por fiscalizar o exercício profissional e a ética dos profissionais de determinada categoria – nesse caso, dos farmacêuticos.

O CFF é o órgão de cúpula da profissão farmacêutica a quem cabe normatizar, orientar, disciplinar e fiscalizar o exercício profissional em todo o território nacional. Já os CRFs são responsáveis por fiscalizar e regulamentar o exercício profissional em suas respectivas jurisdições estaduais. Portanto, o CFF atua em âmbito nacional, enquanto os CRFs atuam em âmbito estadual (Brasil, 1960).

6.2 Principais órgãos que regulamentam os produtos de saúde no Brasil

No Brasil, há diversos órgãos que regulamentam e controlam os produtos de saúde, garantindo a segurança e a eficácia dos medicamentos e de outros produtos utilizados na área da saúde. Entre os principais órgãos reguladores, destacam-se o Ministério da Saúde e a Anvisa.

Ao Ministério da Saúde compete administrar as políticas públicas de saúde, além de estabelecer normas e padrões para o setor. Desse modo, ele é responsável por assegurar o acesso da população a medicamentos e a outros produtos de saúde por meio do Sistema Único de Saúde (SUS) e, em conjunto com a Anvisa, por coordenar as ações de vigilância sanitária em todo o país.

Por sua vez, a Anvisa é a agência reguladora à qual cabe controlar e fiscalizar os produtos de saúde no Brasil, sendo responsável por avaliar e registrar medicamentos, cosméticos, produtos para a saúde, alimentos, entre outros. Além disso, também tem a função de verificar a qualidade, a segurança e a eficácia dos produtos, garantindo que as empresas cumpram as normas sanitárias e éticas.

Criada pela Lei n. 9.782, de 26 de janeiro 1999 (Brasil, 1999a), a Anvisa é uma autarquia sob regime especial vinculada ao Ministério da Saúde, tem sede e foro no Distrito Federal e está presente em todo o território nacional, por meio das coordenações de portos, aeroportos, fronteiras e recintos alfandegados. A agência tem a finalidade de proteger a saúde da população por meio do controle sanitário da produção e do consumo de produtos e serviços submetidos à vigilância sanitária, inclusive ambientes, processos, insumos e tecnologias a eles relacionados.

De acordo com a Lei n. 8.080, de 19 de setembro de 1990, que "dispõe sobre as condições para a promoção, proteção e recuperação da saúde" (Brasil, 1990), a vigilância sanitária é assim conceituada:

> [...] conjunto de ações capaz de eliminar, diminuir ou prevenir riscos à saúde e de intervir nos problemas sanitários decorrentes do meio ambiente, da produção e circulação de bens e da prestação de serviços de interesse da saúde, abrangendo:
>
> I - o controle de bens de consumo que, direta ou indiretamente, se relacionem com a saúde, compreendidas todas as etapas e processos, da produção ao consumo; e
>
> II – o controle da prestação de serviços que se relacionam direta ou indiretamente com a saúde. (Brasil, 1990)

A Anvisa é dividida em três setores principais:

- **Gerência-Geral de Regulamentação e Boas Práticas Regulatórias (GGREG)**: Responsável por elaborar regulamentos e normas sanitárias, bem como avaliar e aprovar processos de registro de medicamentos, cosméticos, alimentos etc.

- **Gerência-Geral de Monitoramento de Produtos Sujeitos à Vigilância Sanitária (GGMON)**: Responsável por monitorar, inspecionar e fiscalizar a produção, a distribuição, a comercialização e o uso de produtos sujeitos à vigilância sanitária, incluindo medicamentos, alimentos, cosméticos etc.

- **Gerência-Geral de Tecnologia de Produtos para a Saúde (GGTPS)**: Responsável por regular, controlar e fiscalizar produtos para a saúde, como equipamentos médicos, produtos odontológicos, próteses etc.

A vigilância sanitária compreende diversas ações que visam eliminar e/ou diminuir os riscos à saúde da população. Nesse sentido, a Anvisa atua no controle sanitário de produtos nacionais e importados, garantindo que todos eles sejam seguros, de qualidade e com eficácia comprovada, tais como:

- agrotóxicos;
- alimentos;
- cosméticos;
- farmacopeia;
- laboratórios analíticos;
- medicamentos;
- portos, aeroportos e fronteiras;
- saneantes;
- sangue, tecidos, células e órgãos;
- serviços de saúde;
- tabaco.

Vale ressaltar que, além da Anvisa e do Ministério da Saúde, o CFF e os CRFs também regulamentam a profissão farmacêutica e fiscalizam as atividades dos farmacêuticos em todo o país, a fim de assegurar o respeito às normas éticas e profissionais, além de fiscalizar as farmácias e drogarias do Brasil.

6.3 Código de Ética Farmacêutica

Os códigos de ética são documentos que estabelecem princípios, normas e condutas que orientam a atuação dos trabalhadores em suas respectivas áreas, garantindo a qualidade e a segurança dos serviços prestados (CFF, 2022). São de extrema importância porque definem o comportamento esperado dos profissionais, conduzindo a prática de suas atividades de forma ética, responsável e comprometida com a sociedade. Esses documentos são elaborados por conselhos ou ordens profissionais e devem ser aprovados pelo órgão regulador competente.

Além disso, os códigos de ética também ajudam a evitar conflitos de interesse e a asseverar a imparcialidade dos profissionais em suas atividades, orientando o relacionamento entre estes e a sociedade. Portanto, são guias relevantes para o exercício de uma profissão de forma ética, legal e responsável.

A importância desses documentos é ainda mais evidente em áreas como a saúde, na qual a atuação dos profissionais pode ter impactos significativos na vida dos pacientes. Desse modo, são essenciais para atestar que os profissionais atuem com responsabilidade, respeito aos direitos humanos, transparência e comprometimento com a saúde pública.

Sob essa perspectiva, a Código de Ética Farmacêutica é um conjunto de normas e princípios que direcionam a conduta do farmacêutico no exercício de sua profissão. Nessa ótica, ele estabelece as responsabilidades e os deveres desse profissional, assim como as proibições e limitações no desempenho de suas atividades. O objetivo desse acordo é garantir a qualidade, a segurança e a eficácia dos serviços farmacêuticos prestados à população, protegendo a saúde e o bem-estar dos pacientes. O código é estabelecido pelo CFF e é obrigatório para todos os farmacêuticos registrados no Brasil.

Esse documento contém as normas que devem ser observadas pelos farmacêuticos e demais inscritos nos CRFs no exercício de seus labores, inclusive nas atividades relativas ao ensino, à pesquisa e à administração de serviços de saúde, bem como quaisquer outras atividades em que se utilize o conhecimento advindo do estudo da farmácia.

Sendo um profissional da saúde, cumpre ao farmacêutico realizar todas as atividades inerentes à sua área de atuação, contribuindo para promover a saúde das pessoas e, ainda, promovendo ações de educação dirigidas à coletividade.

Entre os principais aspectos abordados no Código de Ética Farmacêutica, estão a necessidade de respeitar a legislação e as normas técnicas relacionadas ao exercício da profissão, a proibição de realizar atividades que possam comprometer a qualidade dos serviços prestados e a obrigação de manter sigilo profissional sobre informações confidenciais de pacientes e clientes.

Além disso, a normativa versa sobre a importância da atualização constante e do aprimoramento técnico dos farmacêuticos, considerando também o papel da profissão na promoção da saúde, na prevenção de doenças e na assistência farmacêutica à população.

Assim, o cumprimento dessas orientações é fundamental para a qualidade dos serviços prestados pelos farmacêuticos, além de fortalecer o relacionamento destes com a sociedade. Por essa razão, é essencial que os profissionais que atuam nas áreas correlatadas sempre se mantenham atualizados em relação às normas e aos princípios éticos estabelecidos no código de ética, a fim de exercerem suas atividades com responsabilidade e comprometimento com a saúde pública.

6.4 Generalidades farmacêuticas[1]

6.4.1 Símbolos da farmácia

Amplamente reconhecido em todo o mundo, o símbolo que representa a profissão farmacêutica (Figura 6.1) é formado por uma serpente enroscada em uma taça e pode ser visto em farmácias, hospitais, laboratórios e outros estabelecimentos de saúde. Além disso, considera-se que o ícone transmite uma mensagem de cura, renovação e equilíbrio entre corpo e mente.

Figura 6.1 – Simbolo da farmácia

omarova/Shutterstock

A serpente tem sido associada à medicina desde a Grécia Antiga, em uma época na qual esse animal era considerado sagrado, com poderes

---

1 Os conteúdos apresentados nesta seção foram elaborados com base em CFF (2008).

de cura e renovação; a taça, por sua vez, simboliza a cura. Os dois elementos que formam o símbolo são citados na lenda do Centauro, reproduzida a seguir.

A lenda do Centauro

Chiron, o centauro. Ao contrário da maioria dos de sua raça, caracterizados pela selvageria e pela violência, se dedicou aos conhecimentos de cura. Teve como um dos seus discípulos o deus Asclépio (também denominado Esculápio), ao qual ensinou os segredos das ervas medicinais. Asclépio se tornou o deus da saúde e tinha como símbolo um cetro com duas serpentes nele enroladas. Contudo, ele não utilizava seu conhecimento somente para salvar vidas, mas usava seu poder para inclusive ressuscitar pessoas. Descontente com a quebra do ciclo natural da vida, Zeus resolveu intervir. Os deuses entraram então em batalha e Zeus acabou matando Asclépio com um raio. Com a morte de Asclépio, a saúde passou a ser responsabilidade de sua filha Hígia, que se tornou dessa maneira a deusa da saúde. Hígia tinha como símbolo uma taça que com sua promoção foi adicionada por uma serpente nela enrolada. Essa serpente é, obviamente, uma representação do legado de seu pai. Assim o símbolo de Hígia da taça com a serpente se tornou, posteriormente, o símbolo da Farmácia.

Fonte: CFF, 2008, p. 3.

Embora bastante conhecido em todo o mundo, é importante ressaltar que a utilização desse símbolo é opcional (portanto, não obrigatória) e não tem relação direta com a regulação ou a fiscalização da profissão farmacêutica, além de variar de acordo com a cultura e as tradições de cada país ou região.

O símbolo farmacêutico internacionalmente conhecido é uma cruz com uma haste que se estende para baixo em um círculo (Figura 6.2). Tem sido utilizado para representar a profissão farmacêutica em todo o mundo desde o início do século XIX. Acredita-se que a cruz simboliza a cura, ao passo que a haste estendida para baixo se refere à capacidade do farmacêutico de se comunicar com o submundo, ou seja, com o domínio dos espíritos.

O símbolo costuma tanto ser usado para mostrar a presença de uma farmácia como para indicar que um medicamento é prescrito ou se trata de um produto farmacêutico.

Figura 6.2 – Símbolo internacional da farmácia

A cruz verde representa um símbolo internacional para a identificação de farmácias (Figura 6.3) e sua origem remonta à tradição medieval de pendurar uma folha de hera na porta das boticas a fim de identificar a presença de um farmacêutico.

Figura 6.3 – Cruz verde indicando a presença de profissional farmacêutico

Vovatol/Shutterstock

6.4.2 Elementos do curso de Farmácia

O juramento do curso de Farmácia é um compromisso solene que os formandos firmam durante a cerimônia de colação de grau. Trata-se de uma tradição na área da saúde, com o objetivo de incutir nos novos profissionais o comprometimento com os princípios éticos e as responsabilidades da profissão.

Inspirado no juramento de Hipócrates, considerado o pai da medicina, inclui a promessa de exercer a profissão com respeito à vida humana, ao sigilo profissional, à promoção da saúde e à busca constante pelo aprimoramento técnico e científico. Trata-se, portanto, de um marco significativo que reforça a importância da ética, da responsabilidade e da dedicação no exercício da profissão.

> Prometo que, ao exercer a profissão de Farmacêutico, mostrar-me-ei sempre fiel aos preceitos da honestidade, da caridade e da ciência.

Nunca me servirei da profissão para corromper os costumes ou favorecer o crime. Se eu cumprir este juramento com fidelidade, gozem, para sempre, a minha vida e a minha arte, de boa reputação entre os homens. Se dele me afastar ou infringi-lo, suceda-me o contrário. (CRF-MA, 2024)

A faixa da beca que compõe o traje dos formandos na colação de grau é amarela, cor tradicionalmente associada à profissão farmacêutica, pois simboliza "saúde, perseverança, naturalidade, limpeza, juventude e natureza", estimulando "o equilíbrio e a cura" (CRF-MA, 2024). O significado do adereço é simbólico para os graduandos, na medida em que firma o compromisso dos novos profissionais com a saúde e o bem-estar da população.

Já o anel de grau conta com uma pedra preciosa denominada *topázio imperial amarelo*, que, além de significar sabedoria, também "ativa o intelecto, a comunicação, a concentração, a disciplina, a atenção aos detalhes e a harmonia do todo" (CRF-MA, 2024).

O renomado escritor Monteiro Lobato, considerado um dos maiores autores da literatura infantil brasileira, formou-se em Farmácia pela Faculdade de Medicina do Rio de Janeiro em 1904, mas nunca exerceu a profissão. Apaixonado pela profissão, escreveu um texto para os farmacêuticos, intitulado "O papel do farmacêutico", reproduzido a seguir.

O papel do farmacêutico

O papel do farmacêutico no mundo é tão nobre quão vital. O farmacêutico representa o órgão de ligação entre a medicina e a humanidade sofredora. É o atento guardião do arsenal de armas com que o médico dá combate às doenças. É quem atende às requisições a qualquer hora do dia ou da noite. O lema do farmacêutico é o mesmo do soldado: servir. Um serve à pátria; outro serve à humanidade, sem nenhuma discriminação de cor ou raça. O farmacêutico é um verdadeiro cidadão do mundo. Porque por maiores que sejam a vaidade e o orgulho dos homens, a doença os abate – e é então que o farmacêutico os vê. O orgulho humano pode enganar todas as criaturas: não engana ao farmacêutico. O farmacêutico sorri filosoficamente no fundo do seu laboratório, ao aviar uma receita, porque diante das drogas que manipula não há distinção nenhuma entre o fígado de um Rothschild e o do pobre negro da roça que vem comprar 50 centavos de maná e sene.

Fonte: Lobato, citado por Arispe; Missau, 2011.

6.4.3 Farmacêuticos importantes

Ao longo da história, muitas figuras renomadas se tornaram farmacêuticos e ganharam destaque por suas contribuições à saúde, bem como por conquistas em outras áreas, demonstrando que os conhecimentos adquiridos referentes à área da farmácia podem levar a caminhos surpreendentes. O escritor Carlos Drummond de Andrade, por exemplo, era farmacêutico; Maria da Penha Maia Fernandes, cuja trágica história de vida foi mote para a criação da Lei n. 11.340/2006 (conhecida como *Lei Maria da Penha*), é biofarmacêutica – dois personagens relevantes para a história do Brasil, ambos farmacêuticos.

Alguns dos profissionais de farmácia que se destacaram por suas criações estão listados a seguir:

- Em 1843, o medicamento LSD, conhecido por seus efeitos psicodélicos, foi acidentalmente descoberto pelo químico suíço Albert Hofmann, enquanto trabalhava em uma pesquisa sobre os alcaloides do milho. Ele experimentou a substância em si mesmo e relatou ter tido uma experiência intensa e incomum.
- Em 1867, Henri Nestlé criou a farinha láctea.

- Em 1886, o farmacêutico John Pemberton inventou a Coca-Cola, que era para ser um medicamento para aliviar a dor de cabeça. A fórmula original continha extratos de noz de cola e folhas de coca, que são fontes naturais de cafeína. A versão atual da bebida não contém mais a folha de coca, mas ainda é um estimulante.
- Em 1897, Felix Hoffmann, o químico alemão que trabalhava para a empresa Bayer, criou um dos medicamentos mais populares do mundo, a aspirina, com a intenção de ser um remédio para aliviar a dor de seu pai, que sofria de artrite.
- Em 1898, o farmacêutico Caleb Bradham desenvolveu a fórmula da Pepsi.
- Em 1928, o médico e bacteriologista escocês Alexander Fleming encontrou acidentalmente a fórmula da penicilina, um dos primeiros antibióticos descobertos. Antes de sair de férias, ele deixou uma placa de Petri com bactérias em sua bancada de trabalho, e ao retornar, notou que um fungo havia crescido e eliminado as bactérias ao redor.

Na sequência, apresentamos curiosidades de alguns medicamentos:

- O Viagra, usado no tratamento da disfunção erétil masculina, foi originalmente criado para tratar a hipertensão arterial pulmonar. Durante os testes clínicos, os pesquisadores perceberam que os homens que usavam o medicamento relatavam ereções mais frequentes e duradouras.
- O princípio ativo do Botox, empregado para suavizar rugas faciais, é uma toxina produzida pela bactéria *Clostridium botulinum*, causadora do botulismo. Quando injetada em pequenas quantidades, ela bloqueia temporariamente os sinais nervosos que causam contrações musculares.
- O fármaco Tamiflu, utilizado para tratar a gripe, é derivado de uma planta chamada *anis-estrelado*, muito comum na culinária asiática.

O composto ativo do medicamento é obtido a partir do ácido shikímico encontrado na semente da planta.

- A maioria dos medicamentos é eliminada do organismo por meio do fígado e dos rins, mas alguns são excretados no suor, nas lágrimas e até mesmo no leite materno.

Como podemos perceber, a história da farmácia é repleta de grandes nomes que fizeram contribuições significativas para a ciência farmacêutica. Desde o desenvolvimento de novas drogas e medicamentos até o avanço das técnicas de produção e armazenamento, os farmacêuticos têm desempenhado um papel fundamental no campo da saúde.

Além disso, muitos farmacêuticos famosos alcançaram notoriedade não apenas pelo seu trabalho, mas também por suas ações em prol da sociedade. Suas conquistas têm impactado não apenas a vida humana, mas também a dos animais e o meio ambiente, evidenciando a importância da saúde única na busca pela promoção da saúde global.

Para saber mais

PAUFERRO, M. R. V.; PEREIRA, L. L. A farmácia hospitalar sob um olhar histórico. **Infarma**, v. 22, n. 5/6, p. 24-31, 2010. Disponível em: <https://revistas.cff.org.br/infarma/article/view/93>. Acesso em: 11 jun. 2024.

Esse artigo faz um retrospecto da origem da profissão farmacêutica e se estende à implementação da atenção farmacêutica nos hospitais. Trata-se de uma leitura abrangente que compreende as oportunidades do profissional de farmácia considerando diferentes áreas de atuação.

Síntese

Neste capítulo, tratamos de diversos aspectos relacionados ao âmbito farmacêutico. Discutimos o papel do Ministério da Saúde e da Agência Nacional de Vigilância Sanitária (Anvisa) no controle e na regulamentação de produtos de saúde no Brasil e esclarecemos a relevância do Código de Ética Farmacêutica, documento que orienta as condutas éticas e responsáveis dos profissionais da área. Também mencionamos alguns farmacêuticos renomados por suas contribuições e realizações na ciência farmacêutica, ressaltando a importância do trabalho desses profissionais para a saúde pública e a sociedade em geral. Por fim, mostramos a imagem do símbolo que representa a profissão e examinamos o juramento realizado pelos graduandos em Farmácia.

Questões para revisão

1. Assinale a alternativa que apresenta uma curiosidade farmacêutica sobre o analgésico mais vendido no mundo:
   a) É proibido em alguns países.
   b) Foi descoberto por acidente.
   c) Tem uma fórmula secreta.
   d) Foi criado em laboratório em 2020.
   e) Nenhuma das alternativas anteriores está correta.

2. Qual é o principal objetivo da Agência Nacional de Vigilância Sanitária (Anvisa)?
   a) Fiscalizar a venda de medicamentos controlados.
   b) Criar políticas públicas para a saúde.
   c) Controlar a qualidade dos alimentos.
   d) Regulamentar a produção e a comercialização de produtos de saúde.
   e) Nenhuma das alternativas anteriores está correta.

3. O que é o Código de Ética Farmacêutica?
   a) Um conjunto de normas que regulamenta a produção de medicamentos.
   b) Um documento que estabelece as regras éticas que devem ser seguidas pelos profissionais da área farmacêutica.
   c) Uma lei que regula o comércio de produtos de saúde.
   d) Um conjunto de diretrizes para a prescrição de medicamentos.
   e) Nenhuma das alternativas anteriores está correta.

4. Quem foi o cientista responsável pela descoberta da penicilina e qual a importância desse achado para a medicina?

5. Aponte ao menos uma curiosidade farmacêutica a respeito do medicamento Viagra e explique qual foi o processo que levou à sua descoberta.

Questão para reflexão

1. A descoberta ao acaso do Viagra se revelou fundamental para o reposicionamento desse medicamento. Com base nisso, reflita: De que maneira os resultados inesperados de estudos clínicos podem influenciar o desenvolvimento de novos medicamentos e suas aplicações?

Considerações finais

O farmacêutico é essencial para a saúde e o bem-estar da população. Sua *expertise* em fármacos e terapias é crucial para o tratamento eficaz e seguro de doenças, a prevenção de interações medicamentosas adversas e a promoção do uso racional de medicamentos. Além disso, sua função é crucial também na educação em saúde, orientando pacientes e profissionais acerca do uso adequado de medicações, razão pela qual esse profissional contribui sobremaneira para uma sociedade mais saudável e informada.

A formação em Farmácia é abrangente e diversificada, cobrindo uma ampla gama de conhecimentos, que vão desde a química básica até a farmacologia clínica. Essa formação sólida e multidisciplinar prepara o profissional para enfrentar os desafios do setor de saúde com competência e inovação. O estudo profundo das ciências farmacêuticas, aliado à prática em laboratórios e ambientes clínicos, garante que os profissionais da área estejam aptos a contribuir significativamente para a melhoria da saúde pública.

Ademais, as áreas de atuação dos farmacêuticos são vastas e variadas. Além das farmácias comunitárias e hospitalares, outras possibilidades laborais envolvem o trabalho na indústria farmacêutica, em laboratórios de pesquisa e desenvolvimento, em controle de qualidade e regulamentação e, até mesmo, em setores como cosmetologia e alimentos. A flexibilidade e a adaptabilidade da profissão proporcionam a possibilidade de explorar diferentes campos, o que favorece a inovação e a eficiência em diversos setores da saúde.

Por fim, as perspectivas profissionais para a área de farmácia são otimistas. Nesse sentido, o avanço da biotecnologia e da farmacogenômica abriu caminho para o envolvimento dos farmacêuticos em pesquisas de ponta, bem como para o desenvolvimento de terapias personalizadas. Somado a isso, o envelhecimento da população e o aumento das doenças crônicas ampliaram a demanda por serviços farmacêuticos especializados, garantindo um mercado de trabalho robusto e em crescimento. Considerando o exposto, esperamos ter contribuído para ampliar sua compreensão a respeito das possibilidades vinculadas à farmácia, bem como para complementar sua formação e sua prática profissional, preparando-o para enfrentar os desafios da área e aproveitar as diversas oportunidades existentes no campo da saúde.

Referências

ALLEN JR., L. V. **Introdução à farmácia de Remington**. Porto Alegre: Artmed, 2015.
ALLEN JR., L. V.; POPOVICH, N. G.; ANSEL, H. C. **Formas farmacêuticas e sistemas de liberação de fármacos**. 9. ed. Porto Alegre: Artmed, 2013.
ARAÚJO, L. U. et al. Medicamentos genéricos no Brasil: panorama histórico e legislação. **Revista Panamericana de Salud Pública**, v. 28, n. 6, p. 480-492, 2010. Disponível em: <https://scielosp.org/pdf/rpsp/2010.v28n6/480-492/pt>. Acesso em: 22 abr. 2024.
ARISPE, F.; MISSAU, L. **Ciência e caridade, os 80 anos da farmácia em Santa Maria**. 26 set. 2011. Disponível em: <https://www.ufsm.br/2011/09/26/ciencia-e-caridade-os-80-anos-da-farmacia-em-santa-maria>. Acesso em: 29 abr. 2024.
BOHOMOL, E. Erros de medicação: estudo descritivo das classes dos medicamentos e medicamentos de alta vigilância. **Escola Anna Nery – Revista de Enfermagem**, v. 18, n. 2, p. 311-316, abr./jun. 2014. Disponível em: <https://www.scielo.br/j/ean/a/zWpyt7ZX89Mt34CV6cf3FDH/?format=pdf&lang=pt>. Acesso em: 11 jun. 2024.
BRASIL. Agência Nacional de Vigilância Sanitária. **Conceitos e definições**. 21 set. 2020. Disponível em: <https://www.gov.br/anvisa/pt-br/acessoainformacao/perguntasfrequentes/medicamentos/conceitos-e-definicoes>. Acesso em: 11 jun. 2024.
BRASIL. Agência Nacional de Vigilância Sanitária. **Vocabulário controlado de formas farmacêuticas, vias de administração e embalagens de medicamentos**. Brasília, DF: Anvisa, 2011. Disponível em: <https://www.gov.br/anvisa/pt-br/centraisdeconteudo/publicacoes/medicamentos/publicacoes-sobre-medicamentos/vocabulario-controlado.pdf>. Acesso em: 9 dez. 2024.
BRASIL. Conselho Federal de Farmácia. Resolução n. 469, de 18 de dezembro de 2007. **Diário Oficial da União**, Brasília, DF, 4 jan. 2008. Disponível em: <https://www.cff.org.br/userfiles/file/resolucoes/469.pdf>. Acesso em: 22 abr. 2024.

BRASIL. Conselho Federal de Farmácia. Resolução n. 572, de 25 de abril de 2013. **Diário Oficial da União**, Brasília, DF, 6 maio 2013a. Disponível em: <https://www.cff.org.br/userfiles/file/resolucoes/572.pdf>. Acesso em: 22 abr. 2024.

BRASIL. Conselho Federal de Farmácia. Resolução n. 586, de 29 de agosto de 2013. **Diário Oficial da União**, Brasília, DF, 26 set. 2013b. Disponível em: <https://www.cff.org.br/userfiles/file/noticias/Resolu%C3%A7%C3%A3o586_13.pdf>. Acesso em: 22 abr. 2024.

BRASIL. Conselho Federal de Farmácia. Resolução n. 596, de 21 de fevereiro de 2014. **Diário Oficial da União**, Brasília, DF, 25 mar. 2014. Disponível em: <https://www.cff.org.br/userfiles/file/resolucoes/596.pdf>. Acesso em: 22 abr. 2024.

BRASIL. Emenda Constitucional n. 32, de 11 de setembro de 2001. **Diário Oficial da União**, Brasília, DF, 12 set. 2001. Disponível em: <https://www.planalto.gov.br/ccivil_03/constituicao/emendas/emc/emc32.htm>. Acesso em: 22 abr. 2024.

BRASIL. Decreto-Lei n. 5.452, de 1º de maio de 1943. **Diário Oficial da União**, Poder Executivo, Brasília, DF, 9 ago. 1943. Disponível em: <https://www.planalto.gov.br/ccivil_03/decreto-lei/del5452.htm>. Acesso em: 22 abr. 2024.

BRASIL. Lei n. 3.820, de 11 de novembro de 1960. **Diário Oficial da União**, Poder Legislativo, Brasília, DF, 21 nov. 1960. Disponível em: <https://www.planalto.gov.br/ccivil_03/leis/l3820.htm>. Acesso em: 22 abr. 2024.

BRASIL. Lei n. 6.360, de 23 de setembro de 1976. **Diário Oficial da União**, Poder Legislativo, Brasília, DF, 24 set. 1976. Disponível em: <https://www.planalto.gov.br/ccivil_03/leis/l6360.htm>. Acesso em: 26 abr. 2024.

BRASIL. Lei n. 8.080, de 19 de setembro de 1990. **Diário Oficial da União**, Poder Legislativo, Brasília, DF, 20 set. 1990. Disponível em: <https://www.planalto.gov.br/ccivil_03/leis/l8080.htm>. Acesso em: 29 abr. 2024.

BRASIL. Lei n. 9.782, de 26 de janeiro de 1999. **Diário Oficial da União**, Poder Legislativo, Brasília, DF, 27 jan. 1999a. Disponível em: <https://www.planalto.gov.br/ccivil_03/leis/l9782.htm>. Acesso em: 22 abr. 2024.

BRASIL. Lei n. 9.784, de 29 de janeiro de 1999. **Diário Oficial da União**, Poder Legislativo, Brasília, DF, 1º fev. 1999b. Disponível em: <https://www.planalto.gov.br/ccivil_03/leis/l9784.htm>. Acesso em: 22 abr. 2024.

BRASIL. Lei n. 9.787, de 10 de fevereiro de 1999. **Diário Oficial da União**, Poder Legislativo, Brasília, DF, 11 fev. 1999c. Disponível em: <https://www.planalto.gov.br/ccivil_03/leis/l9787.htm>. Acesso em: 26 abr. 2024.

BRASIL. Lei n. 11.340, de 7 de agosto de 2006. **Diário Oficial da União**, Poder Legislativo, Brasília, DF, 8 ago. 2006. Disponível em: <https://www.planalto.gov.br/ccivil_03/_ato2004-2006/2006/lei/l11340.htm>. Acesso em: 29 abr. 2024.

BRASIL. Ministério da Educação. Conselho Nacional de Educação. Câmara de Educação Superior. Resolução n. 2, de 19 de fevereiro de 2002. **Diário Oficial da União**, Brasília, DF, 4 mar. 2002. Disponível em: <http://portal.mec.gov.br/cne/arquivos/pdf/CES022002.pdf>. Acesso em: 29 abr. 2024.

BRASIL. Ministério da Educação. Conselho Nacional de Educação. Câmara de Educação Superior. Resolução n. 4, de 6 de abril de 2009. **Diário Oficial da União**, Brasília, DF, 7 abr. 2009. Disponível em: <http://portal.mec.gov.br/dmdocuments/rces004_09.pdf>. Acesso em: 29 abr. 2024.

BRASIL. Ministério da Educação. Conselho Nacional de Educação. Câmara de Educação Superior. Resolução n. 6, de 19 de outubro de 2017. **Diário Oficial da União**, Brasília, DF, 20 out. 2017. Disponível em: <http://portal.mec.gov.br/docman/outubro-2017-pdf/74371-rces006-17-pdf/file>. Acesso em: 29 abr. 2024.

BRASIL. Ministério da Saúde. **Entenda o significado das tarjas coloridas nas embalagens dos remédios**. 22 dez. 2022. Disponível em: <https://www.gov.br/saude/pt-br/assuntos/noticias/2022/dezembro/entenda-o-significado-das-tarjas-coloridas-nas-embalagens-dos-remedios>. Acesso em: 11 jun. 2024.

BRISTOT, S. F. et al. Uso medicinal de Varronia curassavica Jacq. "erva-baleeira" (Boraginaceae): estudo de caso no Sul do Brasil. **Brazilian Journal of Animal and Environmental Research**, v. 4, n. 1, p. 170-182, jan./mar. 2021. Disponível em: <https://ojs.brazilianjournals.com.br/ojs/index.php/BJAER/article/view/23413/18806>. Acesso em: 22 maio 2024.

BRUNTON, L. L.; HILLAL-DANDAN, B.; KNOLLMANN, B. C. **As bases farmacológicas da terapêutica de Goodman & Gilman**. 12. ed. São Paulo: AMGH, 2012.

CALIXTO, J. B.; SIQUEIRA JÚNIOR, J. M. Desenvolvimento de medicamentos no Brasil: desafios. **Gazeta Médica da Bahia**, v. 78, n. 1, p. 98-106, 2008. Disponível em: <https://gmbahia.ufba.br/index.php/gmbahia/article/viewFile/269/260>. Acesso em: 9 dez. 2024.

CAMPOS, N. F.; SANTOS, A. L. V. dos; CARNICEL, C. Atuação do farmacêutico na área da estética: satisfação e expectativas futuras. **Revista Eletrônica Interdisciplinar**, v. 12, n. esp., p. 120-123, 2020. Disponível em: <http://revista.sear.com.br/rei/article/view/122/159>. Acesso em: 22 maio 2024.

CARNEIRO, A. V. Como avaliar a investigação clínica: o exemplo da avaliação crítica de um ensaio clínico. **Jornal Português de Gastrenterologia**, v. 15, n. 1, p. 30-36, 2008. Disponível em: <https://repositorio.ul.pt/bitstream/10451/32479/1/Como_avaliar_investigacao.pdf>. Acesso em: 22 abr. 2024.

CARVALHO, A. P. V.; SILVA, V.; GRANDE, A. J. Avaliação do risco de viés de ensaios clínicos randomizados pela ferramenta da colaboração Cochrane. **Revista Diagnóstico e Tratamento**, v. 18, n. 1, p. 38-44, 2013. Disponível em: <http://files.bvs.br/upload/S/1413-9979/2013/v18n1/a3444.pdf>. Acesso em: 22 abr. 2024.

CECHINEL FILHO, V. **Medicamentos de origem natural**: uma abordagem multidisciplinar. Porto Alegre: Artmed, 2023.

CAPITANIO, C. A. et al. Ética e moral em Santo Agostinho: uma análise da deontologia agostiniana com fulcro em três célebres obras do autor – *Confissões, Livre-arbítrio* e *Cidade de Deus*. **Quaestio Iuris**, v. 5, n. 1, p. 124-143, 2012. Disponível em: <https://www.e-publicacoes.uerj.br/quaestioiuris/article/view/9864/7726>. Acesso em: 22 abr. 2024.

CARVALHO, I. C. M. Ética e pesquisa em educação: o necessário diálogo internacional. **Práxis Educativa**, v. 13, n. 1, p. 154-163, 2018. Disponível em: <https://revistas.uepg.br/index.php/praxiseducativa/article/view/11087/6421>. Acesso em: 22 abr. 2024.

CFF – Conselho Federal de Farmácia. **Formação Farmacêutica no Brasil**. Brasília, 2019. Disponível em: <https://www.cff.org.br/userfiles/livro_caef21maio2019.pdf>. Acesso em: 12 nov. 2024.

CFF – Conselho Federal de Farmácia. **História do CFF**. 2011. Disponível em: <https://www.cff.org.br/50anos/?pg=historia>. Acesso em: 9 dez. 2024.

CFF – Conselho Federal de Farmácia. **Lei que criou o Conselho Federal e os conselhos regionais de Farmácia faz 63 anos**. 10 nov. 2023. Disponível em: <https://site.cff.org.br/noticia/noticias-do-cff/10/11/2023/lei-que-criou-o-conselho-federal-e-os-conselhos-regionais-de-farmacia-faz-63-anos>. Acesso em: 29 abr. 2024.

CFF – Conselho Federal de Farmácia. **Resolução n. 471, de 28 de fevereiro de 2008**. Disponível em: <https://www.cff.org.br/userfiles/file/resolucoes/res471_2008.pdf>. Acesso em: 3 dez. 2024.

CFF – Conselho Federal de Farmácia. Resolução n. 724, de 29 de abril de 2022. **Diário oficial da União**, Brasília, DF, 24 maio 2022. Disponível em: <https://www.in.gov.br/web/dou/-/resolucao-n-724-de-29-de-abril-de-2022-402116878>. Acesso em: 9 dez. 2024.

CIPOLLE, R. J.; STRAND, L. M.; MORLEY, P. C. **O exercício do cuidado farmacêutico**. Brasília: CFF, 2006.

CLARK, M. A. et al. **Farmacologia ilustrada**. 5. ed. Porto alegre: Artmed, 2013.

CORRER, C. J.; OTUKI, M. F. **A prática farmacêutica na farmácia comunitária**. Porto Alegre: Artmed, 2013.

CRF-MA – Conselho Regional de Farmácia do Estado do Maranhão. **Símbolos da farmácia**. Disponível em: <https://crfma.org.br/simbolos-da-farmacia>. Acesso em: 29 abr. 2024.

DOURADO, C. S. de M. E. Adequação dos cursos de Farmácia às novas diretrizes curriculares/Adequacy Of Pharmacy Courses The New Curriculum Guidelines. **Revista FSA (Centro Universitário Santo Agostinho)**, v. 7, n. 1, 2014.

EDLER, F. C. Boticas e pharmacias: uma história ilustrada da farmácia no Brasil. In: EDLER, F. C. **Boticas e pharmacias**: uma história ilustrada da farmácia no Brasil. Rio de Janeiro, RJ: Casa da Palavra, 2006. p. 160-160.

FERREIRA, L. L. G.; ANDRICOPULO, A. D. Medicamentos e tratamentos para a Covid-19. **Estudos Avançados**, v. 34, n. 100, p. 7-27, set./dez. 2020. Disponível em: <https://www.scielo.br/j/ea/a/gnxzKMshkcpd7kgRQy3W7bP/>. Acesso em: 9 dez. 2024.

FIGUEIREDO, A. M. Ética: origens e distinção da moral. **Saúde, Ética & Justiça**, v. 13, n. 1, p. 1-9, 2008. Disponível em: <https://www.revistas.usp.br/sej/article/view/44359/47980>. Acesso em: 22 abr. 2024.

FIGUEIREDO, B. G.; DE ABREU, D. M. Os documentos cartoriais na história da Farmácia e das Ciências da Saúde. **Cadernos de História da Ciência**, v. 6, n. 1, p. 9-26, 2010. Disponível em: <https://periodicos.saude.sp.gov.br/index.php/cadernos/article/view/35777>. Acesso em: 6 dez. 2024.

FRANÇA, C.; ANDRADE, L. G. de. Atuação do farmacêutico na assistência à saúde em farmácias comunitárias. **Revista Ibero-Americana de Humanidades, Ciências e Educação**, v. 7, n. 9, p. 398-413, 2021. Disponível em: <https://periodicorease.pro.br/rease/article/view/2223>. Acesso em: 22 maio 2024.

GALLETTO, R. História da farmácia: do surgimento da espécie humana ao fim da Antiguidade Clássica. **Revista Uningá**, v. 10, n. 1, 2006. Disponível em: <https://revista.uninga.br/uninga/article/view/515>. Acesso em: 9 dez. 2024.

GIMENES, F. R. E. et al. Administração de medicamentos, em vias diferentes das prescritas, relacionada à prescrição médica. **Revista Latino-Americana de Enfermagem**, v. 19, p. 11-17, 2011. Disponível em: <https://www.scielo.br/j/rlae/a/ZZy8sXc3qRYLwRSTnNxrNHR/?lang=pt>. Acesso em: 9 dez. 2024.

GOLAN, D. E. et al. **Princípios de farmacologia**: a base fisiopatológica da farmacologia. 3. ed. Rio de Janeiro: Guanabara Koogan, 2014.

LOPES, C. M.; LOBO, J. M. S.; COSTA, P. Formas farmacêuticas de liberação modificada: polímeros hidrofílicos. **Revista Brasileira de Ciências Farmacêuticas**, v. 41, n. 2, p. 143-154, 2005. Disponível em: <https://www.scielo.br/j/rbcf/a/Zm3kPKZnXCV7bYWQqCgtRhb/?format=pdf&lang=pt>. Acesso em: 22 abr. 2024.

MALHEIROS, L. R. et al. Panorama atual das políticas de medicamentos genéricos no Brasil: Revisão bibliográfica. **Brazilian Applied Science Review**, v. 5, n. 3, p. 1342-1354, 5 out. 2021. Disponível em: <https://ojs.brazilianjournals.com.br/ojs/index.php/BASR/article/view/29504>. Acesso em: 9 dez. 2024.

MARQUES, A. E. F. et al. Assistência farmacêutica: uma reflexão sobre o papel do farmacêutico na saúde do paciente idoso no Brasil. **Temas em Saúde**, v. 17, n. 3, p. 129-146, 2017. Disponível em: <https://temasemsaude.com/wp-content/uploads/2017/10/17309.pdf>. Acesso em: 22 abr. 2024.

MARSHALL, W. J. et al. **Clinical Biochemistry**: Metabolic and Clinical Aspects. 3. ed. Londres: Churchill Livingstone, 2014.

MELO, A. V. da S.; FONTES, D. A. F. Tecnologias aplicadas para prolongar a liberação de fármacos: uma revisão integrativa. **Diversitas Journal**, v. 8, n. 2, p. 874-885, abr./jun. 2023. Disponível em: <https://diversitas.emnuvens.com.br/diversitas_journal/article/view/2429/2053>. Acesso em: 11 jun. 2024.

MELLO, C. A. B. **Curso de direito administrativo**. 26. ed. São Paulo: Malheiros, 2009.

MENDES, M. C. P. et al. História da farmacovigilância no Brasil. **Revista Brasileira de Farmácia**, v. 89, n. 3, p. 246-251, 2008. Disponível em: <https://www.yumpu.com/pt/document/view/12579237/historia-da-farmacovigilancia-no-brasil-eurotrials>. Acesso em: 22 abr. 2024.

OLIVEIRA, A. B. et al. Obstáculos da atenção farmacêutica no Brasil. **Revista Brasileira de Ciências Farmacêuticas**, v. 41, n. 4, p. 409-413, 2005. Disponível em: <https://www.scielo.br/j/rbcf/a/kSzVHYtbFG95gwzbG8nCBzJ/?format=pdf&lang=pt>. Acesso em: 22 abr. 2024.

OLIVEIRA, W. L. de; CARVALHO, A. R. A. de; SIQUEIRA, L. P. Atuação do farmacêutico hospitalar na Unidade de Terapia Intensiva (UTI). **Research, Society and Development**, v. 10, n. 14, p. 1-9, 2021. Disponível em: <https://rsdjournal.org/index.php/rsd/article/download/22578/19904/270596>. Acesso em: 22 maio 2024.

PAUFERRO, M. R. V.; PEREIRA, L. L. A farmácia hospitalar sob um olhar histórico. **Infarma**, v. 22, n. 5/6, p. 24-31, 2010. Disponível em: <https://revistas.cff.org.br/infarma/article/view/93>. Acesso em: 11 jun. 2024.

PORTELA, A. S. et al. Políticas públicas de medicamentos: trajetória e desafios. **Revista de Ciências Farmacêuticas Básica e Aplicada**, v. 31, n. 1, p. 9-14, 2010. Disponível em: <https://rcfba.fcfar.unesp.br/index. php/ojs/article/view/405/403>. Acesso em: 22 abr. 2024.

PEREIRA, L. R. L.; FREITAS, O. A evolução da atenção farmacêutica e a perspectiva para o Brasil. **Revista Brasileira de Ciências Farmacêuticas**, v. 44, n. 4, 2008. Disponível em: <https://www.scielo.br/j/rbcf/a/d9zrdFQdY8tSqMsCXQ8WWBC/?format=pdf&lang=pt>. Acesso em: 22 abr. 2024.

QUENTAL, C.; SALLES FILHO, S. Ensaios clínicos: capacitação nacional para avaliação de medicamentos e vacinas. **Revista Brasileira de Epidemiologia**, v. 9, p. 408-424, 2006. Disponível em: <https://www.scielo.br/j/rbepid/a/FXZLhRqFXdBCnfTFg8DyjvR/?format=pdf&lang=pt>. Acesso em: 22 abr. 2024.

RANG, H. P. et al. **Rang & Dale farmacologia**. Rio de Janeiro: Elsevier Brasil, 2015.

REZENDE, I. N. de. Literatura, história e farmácia: um diálogo possível. **História, Ciências, Saúde – Manguinhos**, v. 22, n. 3, p. 813-828, jul./set. 2015. Disponível em: <https://www.scielo.br/j/hcsm/a/gHDwcH6vxVCGHpHhqptYdtr/?format=pdf&lang=pt>. Acesso em: 21 maio 2024.

RITTER, J. M. **Rang & Dale**: farmacologia. 8. ed. São Paulo: Elsevier, 2016.

ROSENBAUM, P. Epícrise de dois sistemas (Alopatia X Homeopatia). **Revista Homeopatia**, São Paulo, v. 54, n. 2, p. 31-7, jun. 1989. Disponível em: <https://pesquisa.bvsalud.org/portal/resource/pt/lil-77567>. Acesso em: 9 dez. 2024.

RUPPELT, B. M. Plantas medicinais nativas brasileiras: por que conservar e preservar? **Revista Fitos**, v. 16, n. 2, p. 154-155, 2022. Disponível em: <https://www.arca.fiocruz.br/bitstream/handle/icict/53968/b_m.pdf?sequence=2&isAllowed=y>. Acesso em: 22 maio 2024.

SÁ, F.; SANTOS, R. Homeopatia: histórico e fundamentos. **Revista Científica da Faculdade de Educação e Meio Ambiente**, v. 5, n. 1, p. 60-78, 2014. Disponível em: <https://revista.unifaema.edu.br/index.php/Revista-FAEMA/article/view/206>. Acesso em: 6 dez. 2024.

SALES-PERES, S. H. C. et al. Sigilo profissional e valores éticos. **Revista da Faculdade de Odontologia da Universidade de Passo Fundo**, v. 13, n. 1, p. 7-13, 2008. Disponível em: <https://seer.upf.br/index.php/rfo/article/view/583/377>. Acesso em: 22 abr. 2024.

SALGADO, P. A.; DE ANDRADE, L. G. O papel do farmacêutico na atenção farmacêutica em farmácia comercial. **Revista Íbero-Americana de Humanidades, Ciências e Educação**, v. 9, n. 11, p. 2756-2766, 12 dez. 2023. Disponível em: <https://periodicorease.pro.br/rease/article/view/12582>. Acesso em: 6 dez. 2024.

SÃO PAULO (Estado). **Ensino de deontologia e legislação farmacêutica:** conceitos e práticas. São Paulo: Conselho Regional de Farmácia do Estado de São Paulo, 2014.

SILVA, I. Hino farmacêutico. **Pharmacia Brasileira**, p. 6-8, 2004. Disponível em: <https://www.cff.org.br/sistemas/geral/revista/pdf/78/03-hino.pdf>. Acesso em: 29 abr. 2024.

SILVA, W. L. O.; LEITE, E. C. Fitoterápicos: o mercado, a produção de conhecimento no Brasil e o medicamento Acheflan. In: ENCONTRO DO PROGRAMA DE PÓS-GRADUAÇÃO EM SUSTENTABILIDADE NA GESTÃO AMBIENTAL, 1., 2016, São Carlos. **Anais...** São Carlos: UFSCar, 2016.

SOUSA, H. W. O.; SILVA, J. L.; NETO, M. S. A importância do profissional farmacêutico no combate à automedicação no Brasil. **Revista Eletrônica de Farmácia**, v. 5, n. 1, p. 67-72, 2008. Disponível em: <https://revistas.ufg.br/REF/article/view/4616/3938>. Acesso em: 22 abr. 2024.

SOUSA, M. F.; PEREIRA, A. L.; PITA, J. R. 50 anos de legislação farmacêutica na Europa (1965–2015): o caso específico de AIM. **Debater a Europa**, n. 14, p. 73-105, 2016. Disponível em: <https://impactum-journals.uc.pt/debatereuropa/article/view/_14_4/2908>. Acesso em: 22 abr. 2024.

STORPIRTIS, S. et al. **Farmácia clínica e atenção farmacêutica**. Rio de Janeiro: Guanabara Koogan, 2017.

VÁZQUEZ, A. S. **Ética**. 5. ed. Rio de Janeiro: Civilização Brasileira, 1982.

VILLANOVA, J. C. O.; ORÉFICE, R. L.; CUNHA, A. S. Aplicações farmacêuticas de polímeros. **Polímeros – Ciência e Tecnologia**, v. 20, n. 1, p. 51-64, 2010. Disponível em: <https://www.scielo.br/j/po/a/Hnm4dHq9jxZYhDXXf3G3g8M/?format=pdf&lang=pt>. Acesso em: 22 abr. 2024.

Respostas

Capítulo 1
Questões para revisão
1. A alopatia é uma abordagem convencional da medicina que se baseia no uso de medicamentos sintéticos e substâncias químicas para tratar doenças.
2. Os farmacêuticos estão ampliando seu papel para além da dispensação de medicamentos, assumindo funções em áreas como a atenção primária à saúde, a saúde pública, a pesquisa clínica e o desenvolvimento de novos medicamentos. Ademais, a tecnologia está transformando a prática farmacêutica, o que inclui práticas como a automação de processos, a telefarmácia e o uso de inteligência artificial para análise de dados e personalização de tratamentos. As adaptações dos farmacêuticos às mudanças sociais, tecnológicas e de saúde pública do século XXI também perpassam pelo crescimento da farmácia clínica e da atenção farmacêutica, em que o profissional assume funções relacionadas à gestão de doenças crônicas, à otimização de terapias medicamentosas e à promoção da adesão ao tratamento.
3. a
4. c
5. c

Questão para reflexão
1. Espera-se que, em sua reflexão, o leitor considere aspectos como inovação farmacêutica, digitalização da saúde, farmácia 4.0, desafios éticos e regulatórios e educação e capacitação profissional, entre outros.

Capítulo 2
Questões para revisão
1. Acupuntura, bioenergética, massoterapia etc.
2. Os impactos ocasionados pela expansão das áreas de atuação do farmacêutico podem ser sentidos, por exemplo: na integração à atenção primária, em que a presença do farmacêutico em farmácias comunitárias e unidades básicas de saúde contribui para uma abordagem mais abrangente e acessível aos cuidados de saúde primários; na prevenção e na promoção da saúde, pois o papel desse profissional é importante em relação à promoção de hábitos saudáveis, à prevenção de doenças e à educação dos pacientes sobre o uso adequado de medicamentos e o autocuidado; na atuação multidisciplinar, no sentido de que a colaboração entre farmacêuticos, médicos, enfermeiros e outros profissionais de saúde pode otimizar o atendimento aos pacientes e melhorar os resultados de saúde da comunidade.
3. a
4. c
5. a

Questão para reflexão
1. Espera-se que, em sua reflexão, o leitor considere aspectos como desafios éticos e legais, atualização profissional, reconhecimento e valorização profissional etc.

Capítulo 3
Questões para revisão
1. A pesquisa pré-clínica *in vivo* é a etapa da pesquisa de medicamentos que envolve testes em animais, enquanto a pesquisa clínica é a etapa da pesquisa de medicamentos que envolve testes em humanos.
2. Entre os desafios éticos e práticos atrelados à condução de pesquisas clínicas estão a ética na pesquisa, relacionada ao recrutamento de participantes,

ao consentimento informado, à proteção da privacidade, à segurança dos participantes e à equidade no acesso aos benefícios da pesquisa; o rigor científico, exemplificado pelo delineamento adequado do estudo, pelo controle de variáveis, pela obtenção de resultados confiáveis e pela interpretação dos dados de modo a garantir a validade e a robustez dos resultados da pesquisa; a regulamentação e a *compliance*, considerando a necessidade de haver conformidade com regulamentações locais e internacionais, bem como padrões de boas práticas clínicas e atendimento aos requisitos impostos por comitês de ética em pesquisa.

3. d
4. c
5. d

Questão para reflexão

1. Espera-se que, em sua reflexão, o leitor considere aspectos como: inovação terapêutica, melhoria da prática clínica, saúde pública e redução de disparidades etc.

Capítulo 4
Questões para revisão

1. b
2. c
3. b
4. A principal vitamina presente em alimentos como cenoura, batata-doce e manga é a vitamina A, fundamental para a saúde humana na medida em que desempenha um papel vital na manutenção da visão, no crescimento celular, na função imunológica e na saúde da pele. Trata-se, além disso, de um antioxidante que ajuda a proteger as células contra os danos causados pelos radicais livres, contribuindo assim para a prevenção de várias doenças crônicas.

5. O principal objetivo dos antibacterianos é combater bactérias. Para tratar infecções bacterianas, eles funcionam de várias maneiras: alguns antibacterianos interferem na síntese da parede celular bacteriana, ao passo que outros inibem a síntese de proteínas ou a replicação do DNA bacteriano. Ao destruir ou inibir o crescimento das bactérias, tais fármacos ajudam a eliminar a infecção e a restaurar a saúde dos pacientes. No entanto, é importante utilizar esses medicamentos de forma adequada, para evitar que o organismo desenvolva resistência bacteriana.

Questão para reflexão

1. Espera-se que, em sua reflexão, o leitor considere aspectos como: classificação e significado das tarjas; importância das tarjas para a segurança dos pacientes; o uso racional dos medicamentos etc.

Capítulo 5
Questões para revisão

1. c
2. d
3. d
4. A *farmacocinética* corresponde ao estudo de como um medicamento se comporta no organismo após sua administração. Tal estudo envolve quatro processos principais: absorção, distribuição, metabolização e excreção. A absorção se refere ao processo pelo qual o medicamento entra na corrente sanguínea; a distribuição, ao transporte do medicamento pelos tecidos do corpo; a metabolização, à transformação do fármaco em substâncias mais fáceis de serem eliminadas; e a excreção, ao processo de remoção do medicamento do corpo, o que geralmente ocorre através da urina ou das fezes.
5. A *farmacodinâmica* é o estudo de como os medicamentos agem no corpo, incluindo os mecanismos de ação e os efeitos biológicos e fisiológicos por eles produzidos. Essa área da farmacologia analisa como os medicamentos interagem com receptores celulares, enzimas e outros alvos moleculares,

resultando em efeitos terapêuticos e adversos. A farmacodinâmica colabora para o entendimento da relação entre a concentração dos medicamentos e a resposta biológica, permitindo a otimização de doses para alcançar o efeito desejado com o mínimo de efeitos colaterais.

Questão para reflexão

1. Espera-se que, em sua reflexão, o leitor considere aspectos como: diversidade de formas farmacêuticas; critérios para a escolha da forma farmacêutica; impacto na adesão ao tratamento etc.

Capítulo 6
Questões para revisão

1. b
2. d
3. b
4. Alexander Fleming foi o cientista responsável pela descoberta da penicilina. Em 1928, ele observou que um fungo do gênero *Penicillium* produzia uma substância capaz de matar bactérias. Tal achado revolucionou a medicina, na medida em que a penicilina se tornou o primeiro antibiótico eficaz contra uma ampla gama de infecções bacterianas, salvando milhões de vidas e demarcando o início da era dos antibióticos.
5. O Viagra foi originalmente criado para tratar hipertensão e angina. Durante os ensaios clínicos relacionados a esse medicamento, os pesquisadores observaram que ele apresentava um efeito colateral inesperado: a melhora da função erétil. Tal descoberta levou ao reposicionamento do Viagra como um fármaco eficaz no tratamento da disfunção erétil.

Questão para reflexão

1. Espera-se que, em sua reflexão, o leitor considere aspectos como: contexto histórico e descoberta; impacto dos resultados inesperados; processo de reposicionamento de medicamentos; influência na pesquisa farmacêutica etc.

Sobre o autor

Vinícius Bednarczuk de Oliveira
É graduado em Farmácia (2007) com habilitação em Indústria pela Universidade Tuiuti do Paraná (UTP), mestre (2012) e doutor (2016) em Ciências Farmacêuticas pela Universidade Federal do Paraná (UFPR). Desde 2006, dedica-se à pesquisa de produtos naturais, com ênfase em fitoquímica e estudos biológicos *in vitro*. Tem vasta experiência em química de produtos naturais, química analítica, cromatografia, ressonância magnética nuclear (RMN) e ensaios biológicos. É autor de mais de 50 artigos nacionais e internacionais, além de livros e trabalhos em congressos. Desde 2013, atua no ensino superior como professor e coordenador de curso.

Impressão: